AF544601

PETER BÄRWALD • KAMPFFISCH-FIBEL

Foto: C. Lukhaup

Kopf eines *Betta*-Männchens.

Peter Bärwald

Kampffisch-Fibel

Die Vielfalt der Farben und Formen

Dähne Verlag

Fotonachweis:
Alle Fotos, außer den besonders gekennzeichneten, sind vom Autor.

Bibliografische Information der Deutschen Bibliothek

Die Deutsche Bibliothek verzeichnet diese Publikation in der Deutschen Nationalbibliografie; detaillierte bibliografische Daten sind im Internet über http://dnb.dnb.de abrufbar.

ISBN 978-3-935175-82-1

5. Auflage 2025

Druck: Grafisches Centrum Cuno GmbH & Co. KG
Printed in Germany

Inhalt

Vorwort und Dank

Sie gehören zu den beliebtesten Aquarienfischen der Welt. Wenn man von Kampffischen spricht, sind meist die Zuchtformen von *Betta splendens*, dem Siamesischen oder Schleierkampffisch gemeint.

Mich begeisterten diese Fische bereits im Alter von vier Jahren, und obwohl ich zwischenzeitlich auch viele andere Fische gepflegt habe, kam ich immer wieder zu den Kampffischen zurück. Besonders die Zuchtformen von *Betta splendens* haben mich bis heute nicht mehr los gelassen. Ihre tollen Farben, die Vielfalt der Flossenformen, die hochinteressante Fortpflanzung und die selektive Zucht dieser Fische ist nach meiner Meinung einzigartig.

Foto: S. Bärwald

Der Kopf eines imponierenden *Betta-splendens*-Männchens.

Mit dieser Fibel möchte ich den interessierten Aquarianern zeigen, wie vielfältig und schön diese Fische sein können. Aber Vorsicht, wer sich mit dem Virus Kampffisch infiziert, hat möglicherweise bald einen ganzen Raum voller kleiner Aquarien und Behältern, besetzt mit Nachzuchten in den unterschiedlichsten Farben und Flossenformen.

Neben meinen eigenen Erfahrungen konnte ich auf das Wissen von befreundeten Züchtern aus der ganzen Welt, speziell aus Asien, zurückgreifen und auf die Veröffentlichungen des IBC (International *Betta* Congress). Allen *Betta*freunden, die ihr Wissen und ihre Erfahrungen mit mir geteilt haben, danke ich herzlich. Ganz besonders der Züchtergemeinschaft „Kampffischfreunde – chapter of IBC“ und den Mitgliedern der Internet-Community Kampffischforum.com.

Weiter möchte ich mich bei all denen bedanken, die ihre Fotos für diese Fibel zur Verfügung gestellt haben.

Peter Bärwald, Kassel 2012

Foto: C. Lukhaup

Orange Dragon Fullmask Show Plakat.

Was sind Kampffische?

rechts von oben:

Schöner Crowntail in der Farbe Cambodian.

Ein Crowntail Turquoise mit Red-Wash- und Red-Ventralen, im Hintergrund ein Crowntail in Royalblue.

Reisfelder sind Lebensräume von *Betta splendens.*

Der Siamesische Kampffisch (*Betta splendens*) ist ein in Thailand und Kambodscha beheimateter Labyrinthfisch. Wie alle Labyrinthfische verfügen die Arten der Gattung *Betta* über ein Labyrinthorgan zur Aufnahme von atmosphärischem Sauerstoff, das es ihnen ermöglicht, auch sehr sauerstoffarme Süßgewässer zu besiedeln

Alle Arten sind karnivor (Fleischfresser) und ernähren sich vorwiegend von kleinen Wasserinsekten und Weichtieren. Sie betreiben eine begrenzte Brutpflege. Einige Arten bauen ein Schaumnest, in dem die Eier abgelegt werden, andere betreiben die Maulbrutpflege. Einige *Betta*-Arten zeichnen sich durch eine große Farbenpracht, besonders der Männchen, aus und viele stellen nur geringe Ansprüche an die Haltung, auch wenn sie keine Anfängerfische und für eine Vergesellschaftung mit anderen Fischen eher ungeeignet sind.

Der Name Kampffisch vermittelt allerdings ein falsches Bild. In der Regel sind sie nur ihren Artgenossen gegenüber aggressiv, andere Fische werden meist in Ruhe gelassen. Im Gegenteil fühlen sich Kampffische oft von anderen Fischen belästigt. Die Wildform wird schon seit mehreren hundert Jahren in asiatischen Ländern gezüchtet. Die daraus resultierende Zuchtform ist die am meisten anzutreffende *Betta*-Art in den heimischen Aquarien.

Foto: F. Bitter

Betta splendens
Siamesischer Kampffisch, Wildform

Lebensräume: stehende, meist flache Gewässer oder Gewässer mit wenig Strömung, Stillgewässer, meist in Reisfeldern und Tümpeln.

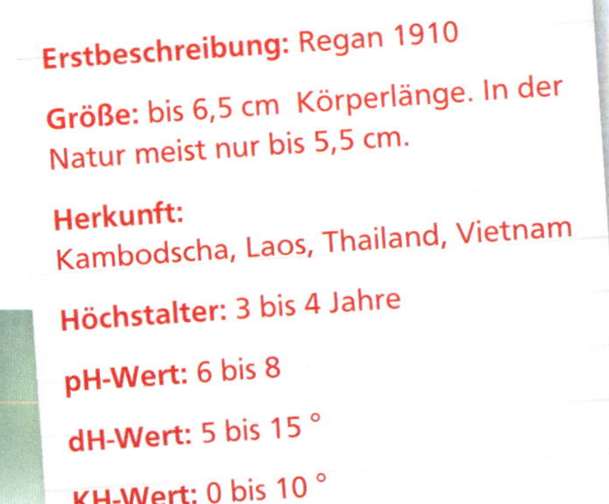

Erstbeschreibung: Regan 1910

Größe: bis 6,5 cm Körperlänge. In der Natur meist nur bis 5,5 cm.

Herkunft: Kambodscha, Laos, Thailand, Vietnam

Höchstalter: 3 bis 4 Jahre

pH-Wert: 6 bis 8

dH-Wert: 5 bis 15 °

KH-Wert: 0 bis 10 °

Temperatur: 24 bis 30 °C

Fortpflanzung: das Männchen baut ein Schaumnest, in welches die Eier gelegt und bewacht werden.

Geschlechtsunterschiede: *Betta splendens* haben rote oder gelb-rote Streifen auf den Kiemendeckeln, die bei den Männchen wesentlich deutlicher zu sehen sind. Weibchen haben kürzere Flossen und sind meist blassbraun gefärbt Die farbigeren Männchen haben etwas längere Flossen

Weibchen einer *Betta splendens*-Wildform.

Männchen der Wildform.

und sind rot-blau oder rot-grün auf dunkelbraunem Grund.

Verhalten: *Betta*-Männchen sind revierbildend, während diese Eigenschaft bei den weiblichen Tieren weniger ausgeprägt ist. Beide Geschlechter sind Einzelgänger, wobei die Männchen untereinander äußerst aggressiv werden können und möglicherweise Kämpfe führen, die mit dem Tod enden.

In ihren Herkunftsbiotopen treffen sich die Geschlechter lediglich zur Paarung, die weiblichen Tiere tolerieren für eine begrenzte Zeit aber auch eine Rangordnung.

Beide Geschlechter verhalten sich anderen Fischen gegenüber relativ friedlich. Eine Ausnahme ist die Paarungszeit und die Brutpflege, während dieser Perioden werden alle übrigen Fische aus dem Bereich ihres Nestes verjagt.

Haltung im Aquarium: Die Wildform sollte vorzugsweise in Arthaltung gepflegt werden. Eine Vergesellschaftung mit ein paar wenigen ausgesuchten anderen Fischen ist aber möglich. Bei einer Beckengröße von 54 bis 80 Litern sollten nicht mehr als ein Männchen mit zwei Weibchen gepflegt werden. Die Haltung von zwei Männchen ist grundsätzlich nicht möglich. Eine dichte Bepflanzung mit kleinem Schwimmbereich und vielen Versteckmöglichkeiten wird bevorzugt. Der Bodengrund sollte dunkel gewählt werden und eine Körnung von drei Millimetern nicht überschreiten.

Form des Laichansatzes (Eierstock). Beim Männchen ist dieser Bereich rund.

Zuchtform

Geschlechtsunterschiede: Hier können die Weibchen häufiger den kurzflossigen Männchen zum Verwechseln ähnlich sehen, daher ist die eindeutige Geschlechterunterscheidung nur am Eierstock (dem sogenannten Laichansatz) und dem Verhalten zu bestimmen.

Verhalten: Männchen sind revierbildend, bei den Weibchen ist diese Ausprägung nur leicht geringer. Männchen wie Weibchen sind Einzelgänger. Die Geschlechter werden nur zur Paarung zusammengesetzt. Männchen bekämpfen sich unter Umständen bis zum Tod, Weibchen ebenso. Weibchen untereinander tolerieren sich nur sehr selten auf Dauer. Die Zuchtform ist in beiden Geschlechtern um einiges aggressiver als die Wildform.

Haltung im Aquarium: Zuchtformtiere sind auf jeden Fall Einzelgänger und sollten auch nur allein gehalten werden. Dazu haben sich Aquarien mit 12 bis 30 Litern gut bewährt.

unten von links:
Blue Crowntail, die roten Ventralen sind ein Farbfehler.

Show Plakat Blue Metallic Fullmask Mustard Gas.

Multicolor Steelblue Metallic Red Mask Show Plakat. Am weißen Kopf ist zu erkennen, dass dieser *Betta* Dragon im Genotyp trägt.

Besonderheiten: Die Zuchtform des *Betta splendens* gibt es in vielen verschiedenen Flossenformen, und noch mehr Farben und Mustern (Seite 18 ff). Weltweit werden diese nach den Standards des International *Betta* Congress (IBC) gezüchtet, ausgestellt und bewertet (Seite 96).

Die Aggressivität ist den *Betta splendens* angeboren. Bei der Zuchtform ist sie aber bei Weibchen wie Männchen mehr ausgeprägt, was bei der Haltung im Aquarium besonders zu beachten ist.

Erstbeschreibung: keine eindeutige Quelle

Größe: 5 bis 7 cm Körperlänge , sogenannte Giants erreichen 12 bis 13 cm

Fortpflanzung: das Männchen baut ein Schaumnest, in welches die Eier gelegt und bewacht werden

pH-Wert: 6 bis 8

dH-Wert: 5 bis 25 °, auch Werte über 25 ° werden toleriert

KH-Wert: 0 bis 20 °, auch Werte über 20 ° werden toleriert

Temperatur: 24 bis 30 °C

Höchstalter: 2,5 bis 4 Jahre, je nach Zuchtform, Haltung und Pflege

Fotos: C. Lukhaup

Geschichte der Zuchtformen

Bereits im 15. Jahrhundert sollen Bauern in Thailand Fischkämpfe ausgetragen haben. Mitte des 19. Jahrhunderts hat der König von Siam diese Wettbewerbe offiziell anerkannt und einige seiner Tiere an Dr. Theodor Cantor zur Bestimmung übergeben, der die Art als *Macropodus pugnax* einordnete, was erst durch Tate Regan geändert und 1910 als *Betta splendens* veröffentlicht wurde.

Um die besten und stärksten Kampffische zu züchten, wurden sie auch mit anderen Arten aus demselben Formenkreis gekreuzt, wie zum Beispiel mit *Betta smaragdina* und *Betta imbellis*. Diese Hybriden waren aber meist nicht so aggressiv wie die *Betta splendens*, und man kreuzte mit *Betta splendens* zurück. Dadurch erhielt man teilweise größere, stärkere und

Foto: R. Winter und J. Knuth

Superdelta in der Farbe Salamander.

recht aggressive Tiere in neuen Farben. Der „Fighter" war die erste Zuchtform des *Betta splendens*, allerdings mit kurzen Flossen.

In frühen Berichten aus Asien (der älteste ist aus dem Jahr 1927) taucht bereits die Bezeichnung Veiltail (Schleierschwanz) auf. Erst 1954 wurden die ersten Artikel über eine langflossige Variante des *Betta splendens* veröffentlicht. Der wichtigste Züchter war Warren Young, der Tiere mit sehr großen Schleierflossen züchtete, wobei jede einzelne Flosse so lang war wie die Körperlänge des Fisches selbst. Er nannte ihn nach seiner Frau „Libby *Betta*".

In den 1960er-Jahren war es besonders der deutsche Züchter Edward Schmidt-Focke, der die ersten Kampffische mit deltaförmiger Caudale züchtete. Diese Fische waren kürzer als der Libby *Betta* und verfügten über breitere Flossenansätze.

Zu Beginn der 1960er-Jahre gelang es, die ersten Kampffische mit zwei Schwanzflossen zu züchten, den Doubletail und in

„Fighter" mit kurzen Flossen.

Foto: K. Watchraworatham

den 1980er-Jahren Tiere mit mehr Flossenvolumen und höherer Spreizung in der Schwanzwurzel, den Superdelta. Guy Delaval züchtete und selektierte nach den größten Spreizungen in der Schwanzwurzel und erreichte 1987 einen Winkel von 180 Grad innerhalb der Schwanzwurzel. Rajiv Masillamoni aus Sri Lanka und Laurent Chenot aus Frankreich begannen, diese Flossenform zu erhalten und zu verbessern. Trotz einiger Fehlschläge, möglicherweise durch zu viel Inzucht - die Männchen bauten kein Schaumnest und wussten nicht, wie man ein Weibchen umschlingen muss – gelang ein neuer Zuchterfolg durch viele Kreuzpaarungen mit Fischen aus anderen Linien verschiedener Züchter. Das Ergebnis war ein blauer Kampffisch mit

von links:
Mustard Gas Dragon Fullmask Show Plakat.

Red Dragon Show Plakat.

180 Grad Spreizung innerhalb der Schwanzwurzel, der R39 genannt wurde. Er wurde dann mit allen Weibchen aus Rajivs und Laurents Linien gepaart und es entstanden einige weitere Nachzuchten. Der Amerikaner Jeff Wilson gab diesen Fischen den Namen „Halfmoon" und trat erfolgreich der Züchtergemeinschaft bei, so dass 1993 auf der IBC Convention in Tampa Florida der erste Halfmoon zum „Best of Show" gekürt wurde, was zu einem regelrechten Hype führte, der bis heute anhält.

Viele Züchter auf der ganzen Welt züchten seitdem immer neue Flossenformen und Farben, so dass es heute bereits neun verschiedene Formen gibt, wovon für sieben bereits eigene Standards zur Bewertung beim IBC (siehe Anhang) existieren.

Foto: C. Lukhaup

Die Flossenformen

1. Dorsale (Rückenflosse)
2. Caudale (Schwanzflosse)
3. Anale (Afterflosse)
4. Ventralen (Bauchflossen)
5. Pectoralen (Brustflossen)
6. Operculum (Kiemendeckel oder Gillcover genannt)
7. Gills (Kiemen)
8. Caudal peduncle (Schwanzwurzel)
9. Ray (Flossenstrahl, welcher aus dem Körper heraus tritt)
10. Branching (Verzweigung)
11. Branch(es) (Flossenstrahl(en) nach den Verzweigungen)
12. Topline (Rückenlinie)

Foto: K. Watcharaworatham

ed Dragon Show Plakat-
ännchen und Blue Metallic
how Plakat-Weibchen.

Foto: C. Lukhaup

Black
Halfmoon.

Foto: K. Watcharaworatham

Veiltail, Traditional Longfin (VT)

Der Veiltail besitzt eine lang ausgezogene Caudale, eine im Ansatz schmale und dann ebenfalls lang ausgezogene Dorsale und eine lange, leicht schräg von vorn nach hinten verlaufende Anale. Die Ventralen sind lang und schmal.

Der Veiltail ist die älteste bekannte langflossige Variante, die oft als Zooladen-Kampffisch bezeichnet wird. Als Ursprung der Zuchtformen hat sie diesen Namen allerdings nicht verdient. Leider gibt es für diese Form keinen anerkannten Standard, allerdings ist 2011 ein Standard beim IBC eingereicht worden - vielleicht erhält er doch bald seinen verdienten Platz.

Zwei Veiltail Männchen der Farbe Yellow.

Foto: H. Linke

Mustard Gas Butterfly Halfmoon.

Halfmoon (HM)

Der Halfmoon hat eine Spreizung in der Schwanzwurzel von mindestens 180 Grad. Die Caudale hat die Form eines D, im besten Fall sind die Ecken oben und unten nicht abgerundet. Seine Dorsale sollte breit im Ansatz sein und beim Aufstellen nach vorne gerichtet. Die Anale sollte ebenfalls am Ansatz breit sein und der Flossensaum im besten Fall parallel zur Körperlinie verlaufen. Die Ventralen dürfen nicht länger als die Anale sein, Dorsale, Caudale und Anale sollen überlappen. Das Branching in der Caudale ist meist recht hoch, häufig enden die Rays in mehr als 16 Branches. Wenn man einen Kreis um den Halfmoon legt, sollten alle Flossen in den Kreis passen und am Kreisbogen anliegen.

Beträgt die Spreizung in der Schwanzwurzel über 180 Grad so werden sie auch Overhalfmoon (OHM) genannt.

Crowntail (CT, HMCT)

Männchen enes Blue Crowntail mit Red Wash.

Der optimale Crowntail hat die Flossenform eines Halfmoon, mit dem Unterschied, dass die Flossenhaut zwischen den Branches reduziert ist. 50 Prozent Flossenhaut-Reduktion werden als optimal angesehen. Einfaches und zweifaches Branching sind die beliebtesten Varianten.

Foto: H. Hristov

Cambo Red Crowntail.

Foto: C. Lukhaup

Grizzle Blue Red Butterfly Crowntail-Weibchen

Foto: W. Waschilowski

Doubletail (DT,HMDT)

Der Doubletail hat zwei Caudalflossen. Seine Dorsale ist in der Regel sehr breit im Ansatz. Häufig ist der Körper etwas kürzer als bei den anderen Flossenformen.

Foto: K. Nittel

Thaiflag Doubletail.

Weibchen Blue Doubletail.

Foto: C. Lukhaup

Traditional Plakat (PK)

Er besitzt eine schmale Dorsale, eine Caudale mit höchstens zweifachem Branching und einer schräg nach hinten verlaufenden Anale, die in einer Spitze endet. Die Ventralen sollen ebenso lang sein wie die Anale. Im besten Fall spreizt die Caudale in der Schwanzwurzel auf 180 Grad, ist dann aber abgerundet.

Superblack Traditional Plakat.

Foto: J. Kevari

Platinum Traditional Plakat.

Show Plakat (SHPK)

Ähnlich wie der Traditional Plakat, seine Dorsale kann aber im Ansatz breiter sein. Die Caudale sollte die Form eines D haben ohne abgerundete Ecken, und die Spreizung in der Schwanzwurzel muss 180 Grad haben. Die Anale ist wie beim Traditional Plakat geformt. Die Ventralen sind in der Regel ein wenig kürzer und auch breiter und fülliger.

Mustard Gas Show Plakat.

Orange Show Plakat.

Salamander Halfmoon Shortfin.

Foto: K. Watcharaworatham

Halfmoon Shortfin (HMSF)

Er ähnelt dem langflossigen Halfmoon, die Flossen sind kurz und passen in ein Oval, statt eines Kreises. Die Dorsale ist breiter im Ansatz als beim Show Plakat und die Anale verläuft parallel zum Körper und ist nicht länger als die Caudale. Die Ventralen sind im Vergleich zum Show Plakat kürzer.

Black Dragon Halfmoon Shortfin.

Fotos: R. Keereelang

Red Dragon Show Plakat.

Foto: C. Lukhaup

Black Orange Doubletail Shortfin mit roten Farbfehlern.

Doubletail Shortfin (DTSF, DTPK)

Dies ist ein Flossenhybrid aus Doubletail und Plakat, also ein Doubletail mit kurzen Flossen. Hier gibt es zwei Typen, wovon der eine mit dem Halfmoon Shortfin vergleichbar ist (allerdings hat der Doubletail Shortfin zwei Caudalen). Der andere hat neben den beiden Caudalen eine nach hinten lang ausgezogene Dorsale und eine schräg nach hinten verlaufende, ausgezogene Anale.

Crowntail Plakat (CTPK)

Züchter aus der ganzen Welt arbeiten auf unterschiedlichen Wegen an dieser neuen Form, weshalb auch unterschiedliche Formen heraus kommen. Vielleicht wird es auch hier bald zwei Typen geben, ähnlich wie beim Doubletail Shortfin.

Ein Crowntail Plakat ist ein Flossenhybrid aus Crowntail und Plakat, also ein Crowntail mit kurzen Flossen. Einige züchten diesen Typ in der Form des Show Plakat, andere in Form des Halfmoon Shortfin.

Copper Marble Crowntail Plakat.

*Für diese Formen existiert noch kein Standard.

Giant

Keine Flossenform, aber dennoch eine Zuchtform ist der Giant. Wie der Name schon sagt, sind die Fische viel größer als der normale *Betta splendens*. Es gibt sie in allen Flossenformen, wobei die Form des Giant Show Plakat am meisten vertreten ist. Sie werden in Half Giant (Körperlänge 8 bis 9 cm) und True Giant (Körperlänge größer 9 bis 12 cm) eingeteilt. Auffällig sind der starke Körperbau, eine sehr breite Schwanzwurzel und das meist träge Schwimmverhalten.

Das Foto zeigt die großen Pectoralen bei einem Show Plakat.

Foto: K. Watcharaworatham

Big Ear

Ganz neu, aber noch nicht anerkannt, ist die Flossenform Big Ear. Sie bezieht sich allerdings nur auf die Pectoralen und kann bei allen Flossenformen vorkommen. Normalerweise müsste der auf dem Foto abgebildete Plakat richtig als „Show Plakat Big Ear" bezeichnet werden.

Die Big Ear haben keine Einschränkungen im Schwimmverhalten. Ob sich diese neue Zuchtform allerdings durchsetzen wird, steht noch aus.

Für diese Flossenformen hat nie ein Standard existiert. Es waren hauptsächlich Formen, die weiterentwickelt wurden, weshalb man einen Standard für unnötig hielt.

Delta (D)

Die Spreizung der Caudale in der Schwanzwurzel beträgt höchstens 165 Grad. Die Flossen sind dem Halfmoon ähnlich, aber viel runder. Sie können aber auch leicht abweichen und den Flossen des Veiltail ähnlich sehen. Diese Flossenform ist ein Vorgänger des Superdelta und des Halfmoon und tritt heute kaum noch auf.

Superdelta (SD)

Der Superdelta hat eine Spreizung in der Schwanzwurzel zwischen 165 und 179 Grad. Seine Flossen sehen dem des Halfmoon ähnlich. Die Caudale ist aber meist mehr abgerundet. Auch diese Flossenform ist ein Vorgänger des Halfmoon. Sie kommt häufiger in Halfmoon-Linien vor.

Doubletail Veiltail (DTVT)

Eine Hybridflossenform zwischen Doubletail und Veiltail, die heute sehr selten geworden ist. Sie hat zwei Caudalen, die Dorsale hat einen breiten Ansatz und die Anale ist weniger schräg verlaufend.

Roundtail (RT)

Die Caudale ist außen weich gekrümmt mit runden Ecken, die Flosse wirkt wie ein Kreis, nicht zu verwechseln mit einem Delta oder Superdelta. Anale und Dorsale ähneln einem Mix aus Veiltail- und Halfmoon-Flossen. Es gibt diese Form heute kaum noch, sie war ein Zwischenprodukt auf dem Zuchtweg zum Halfmoon.

Rosetail (RS)

Eigentlich ein Halfmoon mit viel zu vielen Branchings und zu viel Flossengewebe. Rosetail können schön aussehen und haben daher auch für große Begeisterung gesorgt. Inzwischen hat man gemerkt, dass man hier in der Genetik doch etwas zu weit gegangen ist, weil häufig genetische Probleme auftreten. Diese Flossenform wurde nie anerkannt, es gibt sie aber heute immer noch.

Flossenhybriden

Natürlich sind alle Flossenformen untereinander zu kreuzen und neue daraus zu züchten. Auch Kombinationen wie CTDTHM oder DTCTPK hat es schon gegeben. Grundsätzlich spricht nichts gegen Flossenhybriden, man sollte sich jedoch bewusst sein, dass diese meist nur schwer abzugeben sind. Der Bettaliebhaber möchte lieber reinerbige Flossenformen.

Die Vielfalt der Farben

Orange Dragon Full Mask Show Plakat.

Kampffische gibt es in vielen unterschiedlichen Farben und Farbkombinationen und es sieht so aus, als würde es kaum Grenzen geben. Das Farbklassifizierungs-System des IBC ist in Gruppen aufgeteilt, diese wiederum in Untergruppen, Kategorien mit Unterkategorien und Arten sowie Unterarten. Interessierte Leser können die Standards beim IBC-Chapter „Kampffischfreunde" (www.kampffischfreunde.de) im Internet einsehen.

Es gibt neben den hier aufgeführten unzählige weitere Farben und Farbvarianten und es kommen jährlich neue hinzu.

Foto: C. Lukhaup

White

Foto: K. Watcharaworatham

Opaque-White: Ein Schneeweiß ohne andere Farben. Opaque ist matt, der Glanz kommt nur durch die Reflektion des Lichts, speziell bei hellem Licht. Wenn die Farbe perfekt ist, dann ist eine ganz feine weiße Schicht wie Puder über den gesamten Fisch verteilt.

Genetisch ist Opaque eigentlich ein weißes Stahlblau. Bei **Opaque Blue** und **Opaque Green** ist über den gesamten Fisch ein Hauch von Farbe zu sehen. Auch hier ist die Farbe matt und eine Art Puderschicht in entsprechender Farbe sollte vorhanden sein.

Platinum: Kreuzt man Opaque mit Copper oder Metallic so erhält man nach ein paar Generationen einen Fisch in Weiß mit starkem Glanz.

Foto: S. Angkunanuwat

Foto: R. Keereelang

von oben:
Opaque White Halfmoon.

Opaque White Halfmoon.

Platinum Halfmoon.

Royalblue Crowntail.

Blue-Varianten

Royalblue ist ein dunkles Königsblau, das man nicht reinerbig züchten kann.

Steelblue ist ein helles Blau, ähnlich einem Stahlblau.

Turquoise gehört ebenfalls zu den Blauformen und ist auch nicht reinerbig züchtbar. Bei Blue-Formen kommen häufig Farbfehler vor.

von links:
Royalblue Halfmoon.

Steelblue Halfmoon.

Turquoise Halfmoon.

Turquoise Butterfly Halfmoon.

Foto: Korwhord

Red-Varianten

Es gibt zwei Varianten, ein tief dunkles Rot und ein helles Rot. Sind keine anderen Farben zu erkennen, so wird es auch **Superred** oder **Extended Red** genannt.

Foto: H. Hristov

von oben
Red Halfmoon.

Red Halfmoon-Weibchen.

Red Butterfly Crowntail.

Red Veiltail.

Cambodian-Varianten

Cambodian haben einen hellen Körper und farbige Flossen.

Bei **Cambodian Red** ist der Körper in der Regel Yellow bis Cellophan. Fische mit einer Körperfarbe in Blue, Grizzle oder Green und Flossen in Red werden in der Regel einfach nur Cambodian genannt. Bei diesen ist aber die Körperfarbe meistens auch im Flossenansatz aller drei unpaarigen Flossen zu sehen.

Bei **Cambodian Green** und **Blue** ist der Körper meist in einem Pastell White gefärbt.

Ganz selten gibt es auch **Cambodian Black**, welche einen Pastell White Körper und Flossen in Black haben. Diese sind aber meist auf Marble basierend, weshalb die Farbaufteilung sich meistens innerhalb von ein paar Wochen verändert und sie dann nicht mehr als Cambodian Black einzustufen sind.

Cambodian Crowntail

Foto: C. Lukhaup

Black-Varianten

Black: Tiefes Schwarz ist bei Kampffischen sehr gefragt. Es gibt verschiedene Varianten. Das Foto zeigt einen *Betta* in der Farbe **Superblack**. Hätte er nicht wenige kleine Farbfehler, würde man ihn als **Doubleblack** bezeichnen.

Black Lace: Die Farbe wird in allen Flossenformen als Black Lace bezeichnet, außer beim Cronwntail, wo sie Black Orchid genannt wird, weil die Farbe in Verbindung mit den Flossen eines Crowntail an die Schwarze Orchidee, auch thailändische Teufelsblüte genannt, erinnert.

Black Devil Halfmoon.

Superblack Traditional Plakat.

Black Orchid Crowntail.

Black Lace Doubletail.

Black Melano Halfmoon.

Melano

Echte Melano weisen meistens eine Körperfarbe in Steelblue, ab und an auch in Royalblue und auch in Turquoise auf. Die Flossen sind immer rauchschwarz ohne jede andere Farbe. Sie werden alle einfach als Melano bezeichnet, ohne die Körperfarbe zusätzlich zu erwähnen. Selten zu sehen, aber sehr beliebt sind Melano mit schwarzem Körper, wobei man beim genauen Hinsehen doch noch erkennen kann, dass meistens ein leichtes Blau vorhanden ist. Melano mit schwarzer Körperfarbe werden dann aber auch als Melano Black bezeichnet, um genau diese Besonderheit bereits im Namen hervorzuheben. Melanofarbene Weibchen sind zu 99 Prozent unfruchtbar.

In Verbindung mit anderen Farben können melanofarbene Weibchen auch fruchtbar sein, zum Beispiel als Steelblue-Metallic-Melano.

Neue Melanofarbformen sind zum Beispiel **Melano Orange, Melano Red** und **Melano Yellow**. Aber nur, wenn die zusätzliche Farbe in allen drei unpaarigen Flossen relativ gleichmäßig verteilt ist, werden sie so bezeichnet, ansonsten gilt es als Farbfehler.

Black Red Show Plakat.

Thaiflag

Foto: S. Angkunanuwat

Der Name leitet sich von der thailändischen Flagge ab. Es ist ein Triband (drei Bänder) und hat zudem noch sehr schön abgegrenzte Farben. Wenn das schmale weiße Band zwischen dem Blau und Rot etwas breiter wäre, dann wäre es ein optimaler Triband, eine Butterflyvariante aus drei Farbbändern.

unten:
Orange Butterfly Veltail.

Cellophan Orange Butterfly Halfmoon-Jungtier.

Grizzle Blue Yellow Butterfly Halfmoon.

Foto: H. Linke

Butterfly

Butterfly gibt es bei allen Farben. Sie sehen im zweiten Foto einen **Orange-Butterfly** mit transparentem Flossensaum. Die meisten Butterfly haben einen weißen Flossensaum. Optimal ist, wenn der Butterfly 50 Prozent der Flossen bedeckt und sauber zur anderen Farbe abgegrenzt ist.

Foto: C. Lukhaup

Die vierte Abbildung zeigt einen **Grizzle Blue Yellow Halfmoon**. Hier handelt es sich um einen Triband. Das erste Band, der Körper, ist Grizzle Blue, das zweite Band, der Innenbereich der Flossen, ist Blue und das dritte Band, der Flossensaum, zeigt Yellow.

Salamander: Diese Form hat einen blauen oder violetten Körper auf einer roten Grundfarbe, die Flossen und der Kopf sind meist rot oder pink und die Flossen weisen einen Butterfly auf. Es ist eine Butterfly-Variante, die aber einen eigenen Namen erhalten hat. Wenn die Körperfarbe heller ist als die Farbe der Flossen, ist es ein Lavender.

Lavender hat einen hellrosa oder pinkfarbenen Körper, schwächer bzw. heller als die Farbe in den Flossen. Lavender weisen auch einen Butterfly auf, der aber bei der Farbbezeichnung nicht mit aufgeführt wird.

Foto: S. Angkunanuwat

Foto: S. Angkunanuwat

Lavender Show Plakat.

von oben:
Salamander Show Plakat.

Salamander Butterfly Halfmoon.

Lavender mit weißem Flossensaum.

Foto: K. Watcharaworatham

Red Dragon Fullmask Halfmoon.

Foto: K. Watcharaworatham

Yellow Dragon Fullmask Halfmoon.

Foto: C. Lukhaup

Orange Dragon Show Plakat.

Dragon

Dragon ist die weiße Schuppenschicht auf dem Körper des *Betta*, wobei die eigentliche Farbe manchmal noch zwischen dem Weiß sichtbar sein kann. Die Schuppen wirken bei Dragon auch dicker und haben den Anschein, als wäre es ein zusätzlicher Panzer. Dragon kann bei allen Farben vorkommen. Ursprünglich war Dragon ein Linienname von Sittisak Natatherm. Nach der Veröffentlichung des ersten **Red Dragon** aus seiner Linie, hat sich der Name als Farbbezeichnung etabliert. Es gibt Dragon auch als **Black Dragon, Yellow Dragon und Dragon Orange Gold**.

unten von links:
Orange Dragon Show Plakat.

Black Dragon Show Plakat.

Red Dragon Show Plakat.

Foto: S. Angkunanuwat

Foto: Korwhord

Foto: J. Kevari

Foto: K. Watcharaworatham

von links:
Copper Black Crowntail Plakat.

Copper Gold Doubletail Crowntail Plakat.

Copper-Varianten

Der Körper des **Copper Black** weist einen silbernen Überzug auf den Schuppen auf. Das Silber zieht sich bis in die Flossen, wobei noch etwas Schwarz zu sehen ist. Erscheint das Copper in Kupferfarben und bedeckt Körper und Flossen komplett, wird es als **Copper Gold** bezeichnet, silbrig heißt er **Copper Silver**.

Copperfarbene Fische können auch als **Copper Red, Orange und Yellow** auftreten, wobei diese Farben sich dann nur in den Flossen wiederfinden, der Körper aber immer

Copper Red Crowntail Plakat.

Foto: S. Hackenberg

Foto:Korwhord

Foto: K. Watcharaworatham

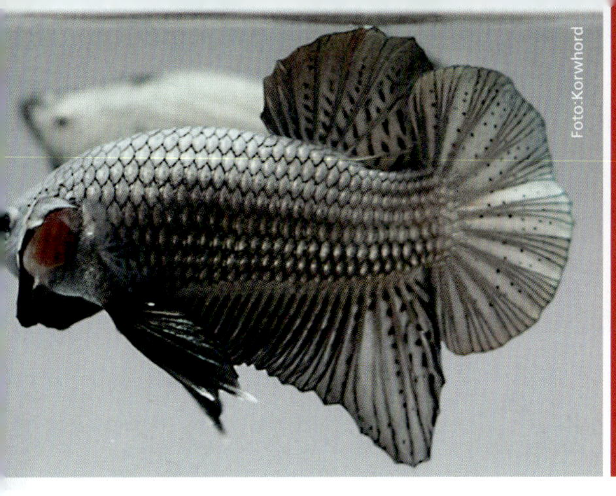

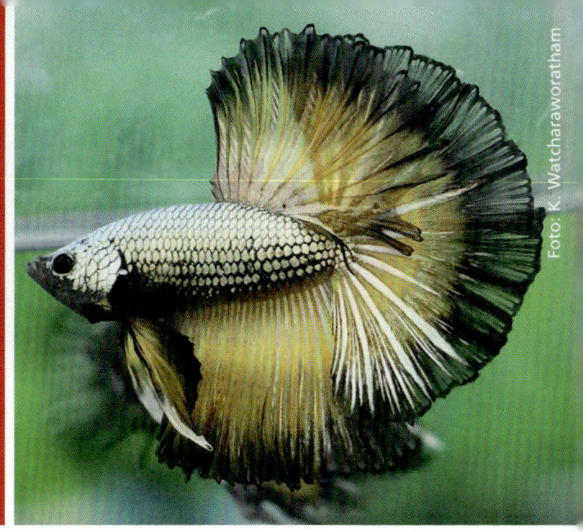

copperfarben ist. Viele Copper können auch Dragon-Gene tragen, wie zum Beispiel dieser **Copper Yellow Butterfly**. Dies kann man gut daran erkennen, dass seine metallische Schicht sehr stark ausgeprägt ist und verdickt erscheint. Metallic ist genetisch dasselbe wie Copper, jedoch wird es nur bei den Blue-Formen als Metallic bezeichnet. Die Farben **Steelblue Metallic und Royalblue Metallic** haben einen metallischen Glanz, der bei allen Metallic Blauvarianten auftritt. Sie sind daran zu erkennen, dass die Farbe auch über dem Kopfbereich zu sehen ist, wo bei normalen Blauvarianten die Färbung grau oder schwarz ist.

von links:
Copper Silver Show Plakat.

Copper Yellow Butterfly Halfmoon.

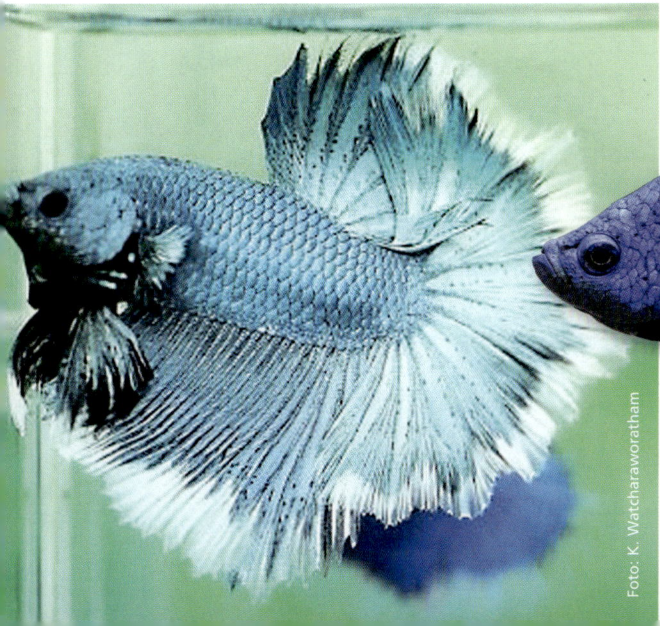
Foto: K. Watcharaworatham

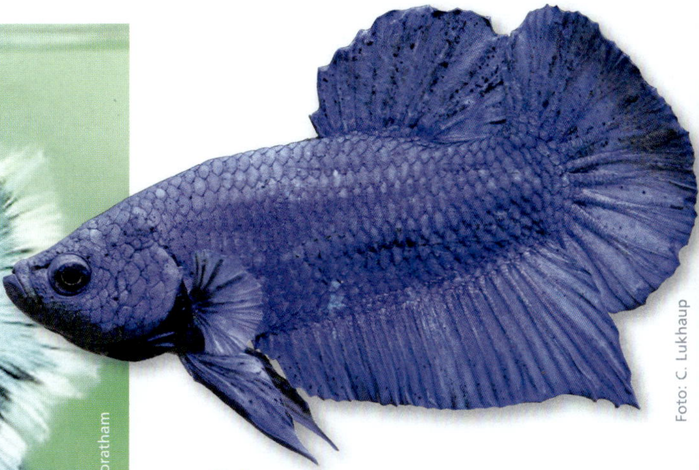
Foto: C. Lukhaup

von links:
Steelblue Metallic Mask Butterfly Halfmoon.

Royalblue Metallic Fullmask Show Plakat.

Fotos: K. Watcharaworatham

Mustard Gas Halfmoon und Mustard Gas Butterfly Halfmoon.

Mustard Gas

Diese Farbvariante zählt mit zu den beliebtesten. Ursprünglich waren es Fische mit grünem Körper und grünen, gelben und schwarzen Bändern in den Flossen. Heute werden viele Farbvariationen mit ähnlichen Farben als Mustard Gas bezeichnet, so lange sie Grün, Blau und Schwarzblau am Körper und Gelb in den Flossen aufweisen. Fasst alle **Mustard Gas** sind auch Butterfly, werden aber nur als **Mustard Gas Butterfly** bezeichnet, wenn der Flossensaum weiß ist.

Blue Metallic Fullmask Mustard Gas Show Plakat.

Fotos: C. Lukhaup

Foto: T. Palakun

Orange Dalmatian Halfmoon.

Foto: K. Watcharaworatham

Yellow Dalmatian Show Plakat.

Dalmatian

Dalmatian gibt es in **Orange** und **Yellow** und als **Butterfly**. Ziel ist es, die roten Punkte auch über den gesamten Köper verteilt zu sehen, was aber sehr selten ist.

Armageddon

Eigentlich ist es ein bunter Fisch, ein Multicolor. Die roten Punkte kannte man bisher jedoch nur bei der Farbbezeichnung Dalmatien. Heute wird Armageddon auch für andere Farbkombinationen verwendet, so lange sie rote Punkte aufweisen.

Fotos: C. Lukhaup

Armageddon Show Plakat.

Foto: K. Watcharaworatham

Foto: Korwhord

Foto: K. Watcharaworatham

Marble

Marble bedeutet marmoriert und kann in jeder Farbe auftreten, immer in Weiß oder Cello (Der Körper besitzt keine richtige Farbe, Flossen und Körper sind transparent). Marble gibt es bei allen Farbvarianten. Wenn ein *Betta* marbelt, so verändert sich die Farbe. Dies kann das ganze Leben lang sein, kann aber auch von selbst stoppen oder pausieren. Die Farbe kann sich von ganz hell (Weiß oder Cello) bis ganz dunkel (Blau, Schwarz oder Rot) verändern. Marble zu stabilisieren ist mehr Glück als züchterisches Können. Trotzdem gibt es immer wieder stabile Varianten von Marble wie zum Beispiel Butterfly.

von links:
Marble Show Plakat mit vier Farben.

Marble Show Plakat-Weibchen.

Marble Fancy Show Plakat.

Biologie und Genetik

Fortpflanzung

von links:
Schaumnest mit Eiern.

Larve im Ei.

Ein paar Stunden alte Larven unterm Schaumnest.

Larve, ca. 1. Tag.

Larven, ca. 3. Tag.

Die Fortpflanzung beginnt mit dem Schaumnestbau des Männchens. Dazu holt es Luft von der Wasseroberfläche und spuckt diese, mit einem Sekret vermengt, als kleine Blasen wieder an die Wasseroberfläche zurück. Schwimmpflanzen dienen dem Männchen als Hilfe, um das Nest zu stabilisieren. Alternativ können Seemandelbaumblätter, Styroporstücke und andere Dinge als Nestbauhilfe dienen.

Ein erfahrenes Männchen braucht für ein stabiles, einen halben Zentimeter dickes Nest einen Tag. Die Nester können bis zu zwei Zentimeter Höhe erreichen und einen Durchmesser von bis zu 25 Zentimeter aufweisen. Manchmal kann der Nestbau mehrere Tage dauern, es kommt aber auch vor, dass er erst mit dem Laichakt beginnt. Ist das Nest fertig, das Weibchen laichwillig, beginnt die Balz. Teilweise beginnt sie auch schon während des Nestbaus.

Während der Balz schwimmt das Weibchen immer wieder in das Revier des Männchens, dieses reagiert mit gespreizten Flossen und Schwanzwedeln, die Pectoralen werden schnell bewegt, ohne dass ein Vorankommen sichtbar wird. Anschließend schwimmt das Männchen direkt unter das Nest, um das Weibchen anzulocken. Wenn sie bereit ist, folgt

Foto: S. Bärwald

Foto: S. Bärwald

sie dem Männchen mit einer leicht auf die Seite gelegten Haltung, dabei ist der Kopf nach unten gerichtet, um ihre Unterwerfung zu zeigen und das anfangs noch aggressive Männchen nicht zu reizen. In dieser Phase flüchtet das Weibchen gelegentlich noch vor dem Männchen. Nach mehreren ähnlichen Begegnungen führt das Männchen das Weibchen wieder zum Nest, diesmal aber mit angelegten Flossen. Das Weibchen stupst das Männchen in die Seite, wird dies zugelassen, beginnt das Pärchen sich zu umschwimmen und es kommt zur ersten Scheinpaarung.

Scheinpaarungen ähneln den echten Paarungen, es kommt aber meist nicht zur kompletten Umschlingung, das Weibchen laicht nicht ab und die Fische verharren nicht in der Laichstarre. Die Scheinpaarungen dienen der Gewöhnung an den Partner, damit die Abgabe der Geschlechtsprodukte gleichzeitig abläuft. Die Phase von der ersten bis zur letzten Umschlingung wird Laichphase oder auch Paarung genannt. Eine einzelne Paarung wird als Laichakt bezeichnet.

Nach mehreren Scheinpaarungen kommt es zur eigentlichen Paarung, dabei schwimmt das Weibchen dem Männchen wieder in die Flanke, doch jetzt umschlingt das Männchen das Weibchen und dreht es auf den Rücken. Durch ein kurzes, leicht sichtbares Zittern werden Eier und Sper-

Red Dragon Show Plakat beim Einsammeln der Eier.

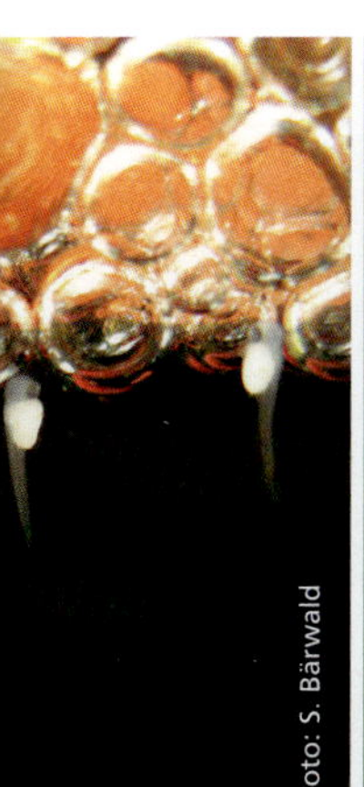

Betta-Larven, etwa 10 Tage alt.

mien abgegeben. Die Eier fallen auf den Bauch und die Afterflosse des auf dem Rücken liegenden Weibchens, einige Eier fallen auch auf den Boden des Aquariums. Einige Sekunden verharren die Fische in einer Laichstarre, die man mit einer Totenstarre vergleichen kann. Das Männchen löst sich in der Regel als Erstes aus der Starre und sammelt sofort die Eier vom Bauch des Weibchens ab. Auch die Eier auf dem Bodengrund werden nach und nach aufgesammelt. Das Männchen trägt dann alle aufgesammelten Eier im Maul zum Schaumnest und spuckt sie, mit Sekret angereichert, direkt ins Nest.

Das Weibchen löst sich aus der Laichstarre in der Regel etwas später als das Männchen. Diese Verspätung ist notwendig, damit das Weibchen die Eier nicht auffrisst oder vom Männchen attackiert wird. Manchmal hilft auch das Weibchen beim Aufsammeln der Eier und spuckt sie ins Nest. Der Laichakt wird mehrere Male wiederholt, danach vertreibt das Männchen das Weibchen aus dem Nestbereich und beginnt mit der Brutpflege.

Die Paarung ist für die Fische sehr Energie raubend, deswegen brauchen sie viele Proteine. Gewöhnlich werden 50 bis 250 Eier gelegt, manchmal auch mehr, wovon in der Regel bis zu 75 Prozent schlüpfen.

Die Brutpflege ist allein die Aufgabe des Männchens. Es pflegt das Nest und stopft gerissene Stellen. Gute Nester werden zwei bis drei Zentimeter dick und haben einen Durchmesser von bis zu 25 Zentimetern. Die anderen Aufgaben des Männchen bestehen darin, nicht befruchtete, abgestorbene oder schimmelnde Eier aus dem Nest zu entfernen, die Eier umzuschichten, damit alle den gleichen Sauerstoffgehalt bekommen und alle herunterfallenden Eier aufzusammeln und wieder ins Nest zu spucken. Seine Hauptaufgabe ist aber der Schutz des Laichs. Nicht nur andere Fische, auch die Laichpartnerin wird vom Nest vertrieben. Wird jedoch die Bedrohung durch Fressfeinde zu groß, nimmt das Männchen alle Eier ins Maul und verfrachtet sie in ein neues Nest an einer anderen Stelle. Hierbei geht jedoch häufig ein großer Teil der Brut verloren.

Die Entwicklung vom Ei zur Larve dauert etwa 36 bis 48 Stunden, je nach Wassertemperatur. Die Larven hängen dann mit dem Dottersack nach oben im Nest und bewegen sich teilweise sehr heftig, um nicht herunter zu fallen. In dieser Phase kümmert sich meist das Männchen um die Jungfische. Immer wenn eine Larve aus dem Nest fällt, wird sie sofort wieder hinein gespuckt. Dadurch jedoch können wieder Larven aus dem Nest fallen, so ist das Männchen die ganze Zeit mit der Brutpflege beschäftigt und hat nicht einmal Zeit zur Nahrungsaufnahme. Nach zwei bis drei Tagen ist der Dottervorrat der Larven verbraucht, und sie schwimmen frei herum. Anfangs versucht der Vater, sie zurück ins Nest zu bringen. Nach drei Tagen erlischt aber in der Regel seine Brutpflegemotivation und die Jungen sind nun nichts mehr als leichte Beute, für ihn und für andere Fische, die nun nicht mehr vertrieben werden.

Sollte das Männchen, aus welchen Gründen auch immer, die Brutpflege nicht übernehmen können, so kann es manchmal vorkommen, dass das Weibchen diese Aufgabe übernimmt. Sie kümmert sich dann ebenso emsig um die Eier und Larven, wie es das Männchen getan hätte. Nach einem Tag sind die Larven etwas 2,5 bis 3 Millimeter groß, nach elf Tagen haben sie bereits eine Größe von 4,5 bis 5 Millimetern erreicht. Das Wachstum ist abhängig vom Futter und der Fütterung. Ab der zwölften Woche ist das Wachstum in der Regel so gering, dass es kaum zu messen ist. Larven aus Art-Hybridisierung wachsen häufig viel langsamer.

Jungfische, ca. zwei Monate alt, im Aufzuchtbecken.

Hybridisierung

Bei den Zuchtformen gibt es zwei Variationen von Hybriden, die Arthybriden und die Flossenhybriden.

Arthybriden sind Kreuzungen von Arten aus demselben Formenkreis, zum Formenkreis des *Betta splendens* gehören folgende Arten:

Betta splendens
Betta imbellis
Betta smaragdina
Betta stiktos
Betta mahachai

Alle Arten kann man untereinander kreuzen. Die aus solchen Verpaarungen entstehenden Nachkommen nennt man Hybriden. Meist sind die weiblichen Nachkommen nicht fruchtbar und männliche Nachkommen hat man häufig nur sehr selten, doch diese kann man dann zur weiteren Zucht verwenden. Die Art-Hybridisierung ist in vielen Ländern in Europa aber nicht gewünscht.

Unsere Zuchtformen kann man aber nicht mehr als reine *Betta splendens* bezeichnen. Über die Jahrzehnte und Jahrhunderte wurden in die *Betta splendens*-Zuchtformen, seinerzeit zuerst in die Fighterlinien, bereits *Betta imbellis* und *Betta smaragdina* eingekreuzt, mit dem Ziel, noch stärkere Kämpfer zu erhalten. Dabei traten auch neue Farbvariationen auf, welchen man aber damals keine Beachtung schenkte.

Männchen eines *Betta smaragdina.*

Von links:
Mask.

Fullmask.

Obwohl bereits in den 1980er-Jahren kurzzeitig neue Farbvarianten auftraten und sogar in Zeitschriften publik gemacht wurden, traten erst im Jahr 2002 die neuen Farben wie Copper und kurze Zeit später auch Metallic und Platinum hervor. Es sind Farbbezeichnungen, die eigentlich eher Effekte sind.

Copper und Metallic sowie Platinum sind nachweislich durch das Einkreuzen von *Betta imbellis* in *Betta splendens*-Linien entstanden. Dabei wurden die Nachkommen wieder mit *Betta splendens* zurück verpaart und nach Farbe bzw. Farbeffekt selektiert.

Ein weiterer Effekt, welcher aus diesen Tieren gezüchtet wurde, ist Mask. Bei Mask zieht sich die Farbe des Körpers über den gesamten Kopf bis zum Maul. Ist keine einzige Stelle der Grundfarbe am Kopf des *Betta* zu sehen, nennt man es Fullmask.

Ob und für welche neuen Farben das Einkreuzen von *Betta smaragdina* verantwortlich ist, ist heute leider nicht mehr zu ermitteln, Ob *Betta stiktos* jemals zum Einkreuzen verwendet wurde, kann ebenfalls nicht ermittelt werden.

Das Einkreuzen von *Betta mahachai* sorgte ab 2005 für einen neuen Hype. Die Farbbezeichnung Dragon wurde zum Liebling aller *Betta*fanatiker. Leider hat Dragon aber auch zu neuen genetischen Problemen geführt, weshalb die Begeisterung für Dragon heute stark abgenommen hat und sich die meisten Züchter wieder auf die sogenannten „alten Farben" konzentrieren.

Die Geschichte zeigt, dass zum einen in der *Betta*zucht kaum etwas unmöglich zu sein scheint, aber auch, dass nicht alles gut ist, was gemacht wird und unsere Zuchtformen des *Betta splendens* im eigentlichen Sinne keine reinen *Betta splendens* sind, obwohl der überwiegende Anteil der Gene sicherlich dem des echten *Betta splendens* entspricht.

Farbvererbung

Die Farbe der *Betta* entsteht in den Farbzellen (Chromatophoren), die in der Haut an der Ober- und Unterseite der Schuppen eingebettet sind. Sie entsteht zum einen durch Pigment- und zum anderen durch Strukturfarben. Häufig treten beide in Kombination auf.

Pigmente sind chemische Verbindungen und somit Eigenfarben. Sie sind in farbstofftragenden Hautzellen abgelagert, einige lagern in der Oberhaut, die meisten in der Lederhaut. Auch Gefäße, Augen, Nieren und Milz weisen eine Pigmentierung auf.

Strukturfarben sind keine Eigenfarben, sondern sind auf ein physikalisches Phänomen zurückzuführen. Es sind Kristalle, die in der Haut eingelagert sind und deren Färbung durch Lichtbrechung entsteht.

Durch selektive Züchtung wurden bei *Betta splendens* eine Menge unnatürlicher Farben erzeugt. Die Pigmente wurden durch Selektion, im Hinblick auf das gewünschte Zuchtziel, in der Farbe vermindert oder verstärkt. Andere Pigmente treten zurück oder werden überlagert. Die so entstandene Farbe wird als Deckfarbe bezeichnet, auch wenn die Pigmente, nebeneinander angeordnet, im Zusammenspiel die gewünschte Farbe ergeben.

Die Erfahrungen der gezielten Zucht von *Betta splendens* lassen folgende Feststellungen zu:

Dominante und rezessive Farbmerkmale:

Verpaarung	**dominant**	**rezessiv**
dunkler Körper x heller Körper	dunkel	hell
roter Körper x gelber Körper	rot	gelb
blau x schwarz	blau	schwarz
stahlblau x schwarz	stahlblau	schwarz
grün x schwarz	grün	schwarz
türkis x schwarz	türkis	schwarz

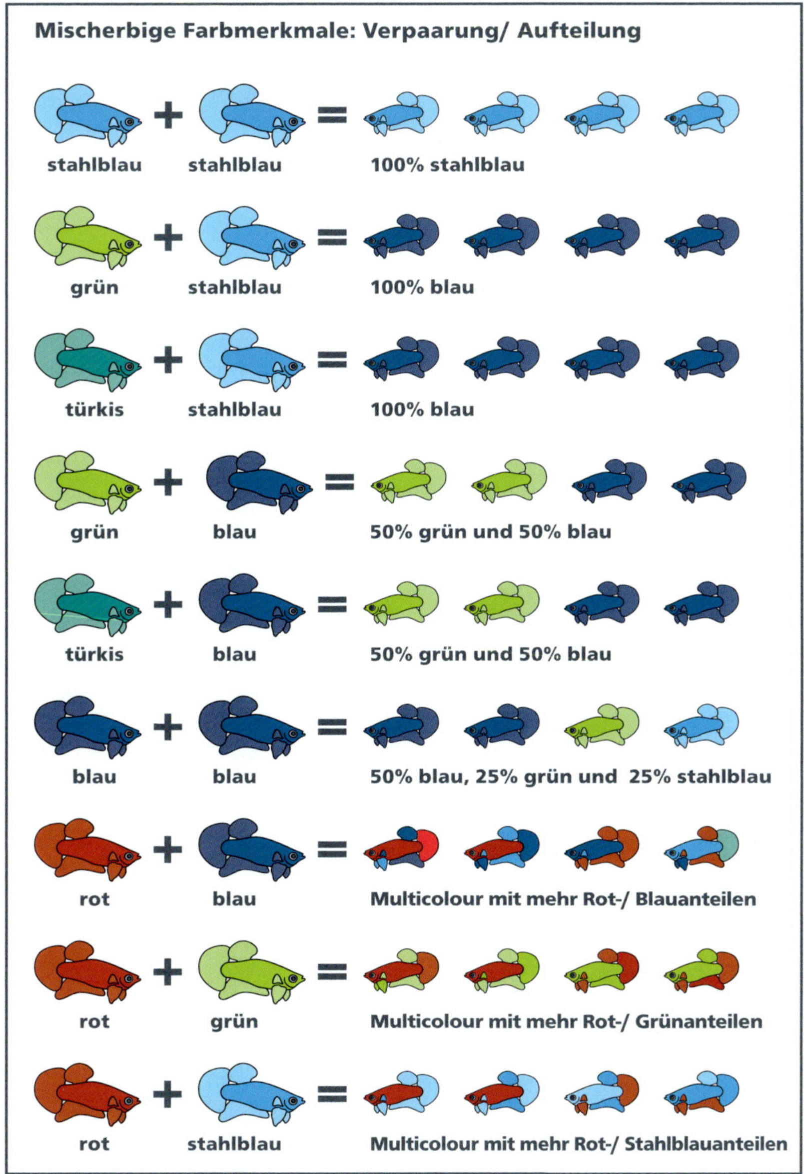

Durch neue Farben und Farbeffekte wie Copper, Metallic und Dragon konnten Farben gezüchtet werden, die bisher als nicht machbar galten. Dies hat aber leider auch zur Folge, dass die bisherigen Feststellungen seltener zutreffen. Die Mendelschen Regeln können jedoch als guter Ansatz zu Hilfe genommen werden.

Flossenvererbung

Die Vererbung der Flossen ist relativ leicht zu verstehen. Alles was man an dem *Betta* sehen kann (Phänotyp), wird auch weiter vererbt. Es gibt die dominante (sichtbare) und die rezessive (nicht sichtbare aber weitervererbte) Flossenvererbung.

Dominant oder rezessiv bezogen auf die einzelnen Flossenformen

Crowntail = Vererbung dominant
Delta = Vererbung rezessiv
Doubletail = Vererbung rezessiv
Halfmoon = Vererbung dominant
Plakat = Vererbung rezessiv
Veiltail = Vererbung dominant
Longfin = Vererbung dominant
Shortfin = Vererbung rezessiv

Zwei Verpaarungsbeispiele, die unter der Voraussetzung reinerbiger Ausgangstiere – auf der Basis der Mendelschen Regeln – entstanden sind. Die genannten Prozentangaben sind lediglich statistisch.

dominant x dominant:

Veiltail x Veiltail = 100% Veiltail
Veiltail x Crowntail = 50% Veiltail, 50% Crowntail

Beide Nachkommen werden im Phänotyp der jeweiligen Flossenform nicht hundertprozentig entsprechen. Die Veiltail weisen häufig eine geringe Flossenhautreduktion auf und die Crowntail weisen meist eine geringere Flossenhautreduktion auf und büßen meist an Flossenvolumen und Spreizung ein.

dominant x rezessiv:

Longfin x Shortfin = 100% Longfin

Genetische Probleme

Im Laufe der Geschichte ist es immer wieder zu genetischen Problemen in der Zucht von *Betta-splendens*-Zuchtformen gekommen, sei es, weil man neue Flossenformen züchten wollte oder neue Farben.

Manche Probleme können zum Zusammenbruch ganzer Zuchtlinien führen, da sie sich kaum bis gar nicht wieder heraus züchten lassen.

Nachfolgend einige Probleme, die im Hinblick auf die Genetik bekannt sind:

Rosetail mit Schuppenfehlern beim Halfmoon-Weibchen.

Foto: C. Lukhaup

Rosetail

Eine nicht gewollte Flossenform, die bei allen Flossenformen vorkommen kann, sowohl bei den männlichen als auch bei den weiblichen Tieren. Es gibt zwei verschiedene Varianten des Rosetail.

Der „normale Rosetail" hat lediglich sehr viel Flossenvolumen, teilweise erscheint die Caudale wie eine Gardine in Falten, bedingt durch eine hohe Verzweigung der Flossenstrahlen und durch viel Flossengewebe. Oft beträgt die Spreizung innerhalb der Schwanzwurzel mehr als 180 Grad und/oder die äußeren Rays der Caudale sind zum Kopf hin gebogen. Dabei sind die Flossen nicht größer als die eines Halfmoon. Normale Rosetail sind nur bedingt zur Zucht tauglich.

Der „extreme Rosetail" hat meist eine andere Art der Flossenstrahlenverzweigung in der Caudale, oftmals feder- oder fächerartig (Feather- oder Fantail). Sie weisen einen unsauberen, häufig welligen Flossensaum auf. Die Größe der Caudale ist häufig kleiner als bei einem Halfmoon. Meistens werden sie noch von extremen Schuppenfehlern begleitet. Extreme Rosetail sind zur Zucht gar nicht geeignet.

Schuppenfehler beim Rosetail Plakat.

Foto: M. Bache

Schuppenfehler

Schuppenfehler treten häufig in Verbindung mit Rosetail auf. Es kann sich dabei um vergrößerte und/oder deformierte Schuppen, wellig verlaufende Schuppenreihen oder verkehrt aufliegende Schuppen handeln. Fische mit Schuppenfehlern sind zur Zucht nicht geeignet.

Geschwüre

Die Geschwürbildung ist bei den Farbvarianten von Dragon häufig der Fall. Um welche Art von Geschwüren es sich handelt, ist leider nicht untersucht worden, jedoch scheinen die meisten Fische damit sehr lange leben zu können. Vermutlich handelt es sich um Krebsgeschwüre. Woher oder wodurch Geschwüre entstehen, ist leider auch nicht bekannt, es wird vermutet, dass dies durch die Entwicklung der Farbvariante Dragon entstanden ist, da bei

Farben wie Metallic und Copper die Geschwürbildung erst aufgetreten ist, nachdem man Dragon in diese Farbvarianten eingekreuzt hat. Gleiches ist bei Opaque und Platinum der Fall. Tiere mit Geschwüren sind für die Zucht nicht geeignet.

Spoonhead

So nennt man eine deformierte Kopfrückenlinie. Dabei wird am Kopf das Maul angehoben bzw. der Bereich zwischen Maul und Augen leicht bis schwer eingebogen, teilweise eingeknickt. Genau ist nicht geklärt, wie und warum Spoonhead entsteht, aber es dürfte sich auch auf falsche Selektion zurückführen lassen. Tiere mit einem leichten Spoonhead sind zur Zucht geeignet, jedoch darf der Zuchtpartner keinen Spoonhead aufweisen. Tiere mit einem schweren Spoonhead sind nicht zur Zucht geeignet.

Foto: C. Lukhaup

von oben:
Geschwür unter der Dorsale beim Dragon Plakat-Weibchen.

Geschwür in der Anale unter dem Körperansatz bei einem Blue Metallic Mask Red Show Plakat-Männchen.

Verkrümmte Wirbelsäule

Verkrümmte Wirbelsäulen kommen bei Doubletail und bei Linien, in die Doubletail eingekreuzt wurde, vor, meist auch in Verbindung mit einem kürzeren Körper, unabhängig ob Longfin oder Shortfin. Dies ist bedingt durch den Doubletail, der nach dem Standard einen kürzeren Körper aufweisen darf. Sind die Verkrümmungen nur am Schwanzwurzelbereich, so können die Fische bedingt zur Zucht eingesetzt werden, alle anderen sind zur Zucht nicht geeignet.

Alieneye/Diamondeye

Bei Opaque als Alieneye und Copper/Metallic-Farben sowie Dragon als Diamondeye bezeichnet man, wenn die Farbe des Fisches in bzw. über das Auge wächst. Es liegt eine weiße, meist metallische Schicht, auf dem Auge bzw. den Augen. Dabei müssen nicht beide betroffen sein. Dies tritt am häufigsten bei Opaque, Platinum und Dragon und nur sehr selten bei anderen Farben auf. Das Auge oder die Augen gleichen sich dann der Körperfarbe an. Bei Dragon erscheint es auch meist sehr verdickt. Einige der Fische mit Alieneye/Diamondeye sind, oder werden auf dem betroffenen Auge blind. Tiere mit Alieneye/Diamondeye sollten nicht zur Zucht verwendet werden.

Foto: R. Keerelang

Alieneye beim Opaque Show Plakat.

Marble

Das Marbeln bezeichnet ein springendes Gen, Transposon genannt. Es ist ein genetischer Defekt, der aber keine Auswirkungen auf die Gesundheit und Vitalität der *Betta* hat. Es ist ein DNA-Abschnitt im Erbgut, welcher ein oder mehrere Gene umfassen kann und die Möglichkeit besitzt, den Ort innerhalb des Erbguts zu verändern. Einfacher gesagt, das Gen kann wandern. Dabei verursacht es wechselnde Farben, von dunkel zu hell und umgekehrt, teilweise kann eine komplette Farbumstellung stattfinden. Marble tritt immer als Weiß und/oder Cello auf.

Wenn kein Weiß und/oder Cello zu sehen ist, sich aber die Farbe trotzdem verändert, so hat dies in der Regel andere Ursachen, wie zum Beispiel Krankheit, Alterung usw. Marble kann dazu führen, die Farblinie zu verlieren, ansonsten ist es kein Problem und bringt sogar häufig schöne Farben zum Vorschein. Marble zu stabilisieren ist möglich, aber bisher mehr ein Glücksfall. Tiere, die marbeln, können ohne Bedenken zur Zucht verwendet werden.

Foto: W. Waschuilowski

Blue Marble Halfmoon-Weibchen.

Unfruchtbarkeit

Melanofarbene Weibchen sind zu 99 Prozent unfruchtbar. Die genauen Gründe dafür sind noch unbekannt, aber es scheint, als würde es an der Bildung des schwarzen Farbstoffs liegen, die sich durch die Bindung mit einem Protein verdoppeln soll. Diese Unfruchtbarkeit tritt in drei verschiedenen Arten auf:

- Weibchen produzieren keine Eier.
- Es werden Eier produziert und es wird auch abgelaicht, aber die Eier können nicht befruchtet werden.
- Es werden Eier produziert, es wird abgelaicht, die Eier sind auch befruchtet, aber die Larven sterben alle am dritten spätestens am vierten Tag.

Melano-Männchen werden daher mit Weibchen in Steelblue und Royalblue gepaart, sowie mit Turquoise, um spätestens in der zweiten Generation wieder Melano bei den Nachzuchten dabei zu haben.

Bauchrutscher

Man bezeichnet Larven und Jungfische sowie auch ausgewachsene *Betta* als Bauchrutscher, wenn sie aufgrund eines Schadens der Schwimmblase nicht mehr normal schwimmen können und öfter am Boden sozusagen auf dem Bauch rutschen. Die Schwimmbewegungen sind bei den betroffenen Fischen, als würden sie hüpfen. Dabei sinkt das Hinterteil immer wieder ab.

Wenn die Ursache nicht in einer Unterkühlung zu suchen ist, oder im Futter – einige Chargen von *Artemia*-Eiern stehen im Verdacht das Bauchrutschen zu verursachen – dann liegen die Ursachen entweder im zu schnellen Wachstum, wo sich die Schwimmblase nicht schnell genug mit entwickelt, oder im Erbgut. Bei zu schnellem Wachstum kann man selbst handeln, indem man weniger füttert. Ist es im Erbgut begründet, so sollte man mit den betroffenen Fischen nicht weiter züchten.

Curling

Curling nennt man das Verkrümmen einzelner oder mehrer Flossenstrahlen, als hätte der Fisch Locken. Dieses Phänomen tritt am häufigsten beim Crowntail auf, kann aber alle langflossigen *Betta* betreffen.

Es ist anscheinend kein reines genetisches Problem, sondern es tragen verschiedene Parameter zum Curling bei. Zum einen scheinen die Wasserqualität und Härte sowie die Pflegebedingungen eine Rolle zu spielen und wahrscheinlich auch die Temperatur. Bisher konnten bei allen Versuchen leider keine genauen Ergebnisse erhalten werden.

Fische mit Curling können zur Zucht eingesetzt werden. Man sollte aber einen Partner wählen, der nicht vom Curling betroffen ist.

Foto: F. Hardel

Veltail in der Farbe Red mit Curling in einer Ventrale an der Caudalspitze.

Fotos: C. Lukhaup

Flossenschmelze

Diese wird sehr leicht mit der Flossenfäule verwechselt. Im Gegensatz zu Flossenfäule ist Flossenschmelze aber keine Krankheit. Zum einen ist es ein genetisches Problem, das aber nicht allein verantwortlich ist. Bei einer hohen Verzweigung der Flossenstrahlen werden diese immer dünner. Dadurch ist die Durchblutung nicht ausreichend. Darüber hinaus ist es ein Vitaminmangel. Man kann zwar die Flossenschmelze nicht mehr rückgängig machen, die Zugabe von Folsäure kann aber den Verlauf verlangsamen und mit etwas Glück auch stoppen, wenn man weiterhin Folsäure verwendet und sehr vitaminreiches Futter.

Wie der Name sagt, schmelzen die Flossen ein. Dies muss nicht gleichmäßig sein, weshalb es meistens auch mit Flossenfäule verwechselt wird. Die Flossenränder weisen jedoch keinerlei entzündete oder blutunterlaufene Stellen auf. In den meisten Fällen beginnt die Schmelze an der Caudale, manchmal auch nur an Caudale und Anale, die anderen Flossen müssen nicht davon betroffen sein. Die Fische können trotz Schmelze sehr lange leben, zur Zucht sollte man sie nicht unbedingt verwenden.

Häufig kommt es vor, dass die Flossen erst mit dem Schmelzen beginnen, nachdem der Fisch an einer Flossenfäule erkrankt war, diese aber bereits geheilt ist. Oft sind auch Flossenschäden, die einfach nicht mehr zuwachsen wollen, sich aber auch nicht entzünden, der Auslöser. Die Schmelze kann nicht nur langflossige Formen betreffen.

links:
Caudale mit flossenfäule.

Mitte und rechts:
Caudale mit Flossenschmelze.

Kampffische im Aquarium

Weibchen eines Blue Halfmoon im Aquarium.

Das Kampffischaquarium

Das Aquarium sollte einen Bereich mit vielen Pflanzen als Versteckmöglichkeiten besitzen, ein Drittel oder Viertel sollte aber als Schwimmraum belassen werden.

Da Kampffische gezielte Sprünge machen können, muss eine Abdeckung für das Aquarium vorhanden sein. Offene Aquarien sind ungeeignet. Glasabdeckungen müssen, seitlich umlaufend, dicht an den Aquarienscheiben anliegen. Zwischen Abdeckung und Wasseroberfläche sollten mindestens zwei Zentimeter Abstand vorhanden sein, damit kein Hitzestau entsteht und die Kampffische ausreichend Luft zum Atmen haben.

Ein Heizstab darf nicht fehlen, da die Kampffische bei Dauerhaltung unter 24 Grad häufiger krank werden.

Die richtige Aquariengröße

Black Red Halfmoon.

Kampffische sind eher ruhige Vertreter und benötigen keinen großen Schwimmraum. In der Praxis haben sich kleinere Aquarien mit 12 bis 30 Litern positiv auf die Lebenserwartung ausgewirkt, bewährter Standard sind 20-Liter-Aquarien. Bei der Wahl des Aquariums sollte darauf geachtet werden, dass es nicht zu hoch ist. Je höher der Wasserstand, umso anstrengender ist es für den *Betta*, vom Boden zur Wasseroberfläche zu gelangen, um atmosphärische Luft atmen zu können. Besser ist eine größere Grundfläche als ein zu hohes Aquarium.

Schön eingerichtetes *Betta*-Aquarium.

Kampffische sind Einzelgänger. Männchen wie Weibchen sollten allein gehalten und gepflegt und nur zu Paarungszwecken zusammen in ein Aquarium gesetzt werden.

Foto: F. Hardel

Red Doubletail.

Bodengrund

Der Bodengrund ist wichtig für das Ökosystem im Aquarium. Viele wichtige Bakterien leben darin und tragen zu einem funktionierenden Ökosystem bei. Es gibt im Handel Kies und Kiesnachbildungen in vielen unterschiedlichen Farben. Besser ist es jedoch, sich an der Natur zu orientieren. Die meisten Fische kommen in Gewässern vor, deren Bodengrund dunkel ist. Sie fühlen sich oft bei hellem Bodengrund nicht wohl, die Farben verblassen häufig und manche Arten erreichen dann auch kein hohes Lebensalter.

Bei hellem Bodengrund, ganz extrem bei weißem Kies, wird das Licht reflektiert. Das führt zu verstärktem Aufkommen von Algen und die Fische werden dadurch geblendet. Ob man unter dem Bodengrund einen sogenannten Nährboden einbringt, bleibt jedem selbst überlassen.

Pflanzen

Auch Pflanzen tragen zu einem funktionierenden Ökosystem bei. Wichtig für ein Kampffisch-Aquarium ist der Temperaturbereich der Pflanze zwischen 28 und 30 Grad, und sie sollte keine scharfen oder spitzen Blätter und Triebe haben. Pflanzen mit weichen oder abgerundeten Blättern und Trieben führen nicht zu Verletzungen der Kampffische. Sehr gut sind Schwimmpflanzen, die das Licht dämpfen und so zum Wohlbefinden der Kampffische beitragen.

Limnobium laevigatum, der Südamerikanische Froschbiss, und *Pistia stratiotes*, die Muschelblume, sind besonders geeignet für gedämpftes Licht im *Betta*-Aquarium.

Fotos: B. Wallach

Foto: D. Gröbel

Versteckmöglichkeiten

Zum Verstecken sind Pflanzen eigentlich ausreichend. Nur zu Paarungszwecken kann es erforderlich sein, weitere Möglichkeiten zu schaffen. Wurzeln, halbe Schalen der Kokosnuss und Höhlen aus Stein haben sich dabei bewährt. Werden Gegenstände mit Löchern eingebracht, so sollten die Löcher entweder so groß sein, dass ein Kampffisch ohne Probleme hindurch schwimmen kann, oder verschlossen werden. Die Gefahr, dass sie wegen ihrer Neugier in zu kleinen Löchern stecken bleiben und ertrinken, ist sonst zu groß. Im Handel werden viele Dekorationselemente aus Plastik angeboten. Wenn man nicht sicher ist, dass es sich um Markenware handelt, die keine Gifte an das Wasser abgibt, sollte man lieber darauf verzichten.

Fotos: JBL

Filter

Egal für welchen Filter man sich entscheidet, er sollte drosselbar sein, um so wenig wie möglich Strömung zu erzeugen. Bewährt haben sich dabei luftbetriebene Schwammfilter, bei denen in den Luftschlauch zwischen Filter und Membranpumpe oder Kompressor ein Regulierhahn eingesetzt wird, um die Luftzufuhr zum Filter einzustellen. Die Filterleistung wird dabei reduziert, was aber bei nur einem Fisch im Aquarium ohne Belang ist.

Werden andere Innenfilter verwendet, so muss darauf geachtet werden, dass der Kampffisch sich nicht zwischen Filter und Aquariumwand einklemmen kann, sich dabei verletzt oder ertrinkt.

Bei Innenfiltern und besonders bei Außenfiltern ist auch die Gefahr gegeben, dass gerade bei langflossigen *Betta* die Flossen in den Filteransaugstutzen gesogen werden.

Luftbetriebene Schwammfilter sind besonders geeignet.

Wasser, Wasserchemie und Einlaufphase

Betta splendens-Zuchtformen sind sehr tolerant, was die Wasserwerte betrifft. Sie lassen sich bei allen pH-Werten zwischen 6 und 8 halten, pflegen und züchten, wobei der pH-Wert um 7 optimal ist.

Noch größer ist die Toleranz beim KH und dH. Lediglich auf Gifte wie Ammoniak und Nitrit reagieren sie sehr empfindlich. Um sie dem nicht auszusetzen, sollte man sich über Nitrifikation (Stickstoffabbau) und Denitrifikation informieren und vor allem das Aquarium immer erst mindestens vier Wochen richtig einlaufen lassen. Um diesen Prozess zu verkürzen, gibt es die Möglichkeit des Animpfens mit Kies und Filtermaterial bzw. Filterschlamm aus einem eingefahrenen Aquarium. Eine Garantie dafür, dass dann kein Nitritpeak entsteht, gibt es allerdings nicht. Daher ist es besser, das Aquarium lange genug einzufahren.

Beleuchtung

Standardlampen haben sich bewährt. Es muss keine besondere Lichtquelle verwendet werden, um noch mehr Farbenpracht der Fische zu erreichen. Meist werden die Farben dadurch auch verfälscht. Wichtig ist, dass das Licht für die Pflanzen geeignet ist. Die Kampffische bringen ihre volle Farbenpracht zur Geltung, wenn es nicht zu hell im Aquarium ist, wozu auch Schwimmpflanzen beitragen.

Ein besonderes Mondlicht kann bei Zuchtaquarien eingesetzt werden, damit die Fische nachts besser Nestpflege betreiben können.

Vergesellschaftung

Foto: H. Hieronimus

Fotos: B. Kahl

Da Kampffische eher ruhige Vertreter sind und Stress überhaupt nicht mögen, sollte man sie eigentlich gar nicht vergesellschaften. Die meisten Salmler und Lebendgebärenden sind zu hektisch, Barsche und Bärblinge (ausgesprochene Flossenzupfer) kommen gar nicht infrage.

Übrig bleiben daher in erster Linie am Boden lebende Fische wie Welse, Dornaugen und Schmerlen, allerdings auch nur kleine Arten, generell sollten die Beifische immer kleiner sein als die *Betta*. Möglich sind auch andere Labyrinthfische: zum Beispiel kleine *Gurami*-Arten, ruhige Makropoden und kleine Fadenfische, wobei auf den Zwergfadenfisch verzichtet werden sollte, da er ein extrem hektischer Vertreter ist und auch ein sehr ausgeprägtes Revierverhalten zeigt.

Einzelhaltung ist aber immer vorzuziehen. So haben sie bei guter Pflege eine höhere Lebenserwartung. Problemlos sind alle Schneckenarten und auch Zwerggarnelen, die aber meist als Futter enden.

von oben:
Pangio kuhlii, Dornauge.

Trichopsis pumila, Knurrender Zwerggurami.

Corydoras hastatus, Sichelfleck-Panzerwels.

Verhalten, Pflege, Haltung

Kampffische sind revierbildend. Ihre Reviergröße beträgt zwischen 20 und 40 Zentimeter im Durchschnitt, in diesem Bereich dulden sie keine Kontrahenten. Da beide Geschlechter Einzelgänger sind, werden Weibchen auch nur zur Paarungszeit geduldet.

Männchen sind untereinander sehr aggressiv und bekämpfen sich im Extremfall bis zum Tod. Die Aggressivität der Weibchen ist nur wenig geringer ausgeprägt, weshalb es auch unter Weibchen zu Kämpfen kommen kann. Gegenüber anderen Fischarten sind sie allerdings in der Regel friedfertig.

Auf der stetigen Suche nach Futter halten sie sich nicht nur in der mittleren und oberen Wasserregion auf, sondern suchen auch den Bodengrund ab. Neugierig inspizieren sie immer wieder ihr Revier und suchen auch in den kleinsten Ecken und Höhlen.

Sie gehören eher zu den gemütlichen Schwimmern, sie bewegen sich eher langsam und beobachten

Red Halfmoon-Männchen und Cambodian Red-Weibchen.

Foto: F. Hardel

dabei ihre Umgebung, auch wenn sie ab und an recht schnell durch das Aquarium flitzen. Sind andere hektische Fische im Aquarium verursacht dies Stress, der die Lebenserwartung mindern kann. Es ist nicht selten, dass Kampffische in Vergesellschaftung das erste Lebensjahr nicht überstehen. Einzeln erreichen sie bei guter Pflege häufig ein Lebensalter von mehr als drei Jahren. Hier sind sie dann auch neugieriger, so dass man sie mit viel Geduld und Disziplin sogar ein wenig dressieren kann. Wie bei allen Fischen ist ein regelmäßiger Teilwasserwechsel wichtig und eine ausgewogene und abwechslungsreiche Fütterung. Mindestens einmal in der Woche sollte man den Kampffisch beschäftigen, indem man ihm einen Spiegel für ca. 10 bis 15 Minuten außen vor die Scheibe stellt. Er wird dann vor dem Spiegel posieren und hin und her schwimmen. Dies ist zwar auch Stress für den Kampffisch, aber bei der Kürze der Zeit ist dieser Stress unwesentlich, weil es ihm gut tut, wenn er posiert, da dann all seine Muskeln in Anspruch genommen werden – also ein Fitnesstraining.

Fotos: D. Gröbel

Futter und Fütterung

Kampffische sind Fleischfresser (karnivor) und bevorzugen ein Futter mit geringem pflanzlichem Anteil. Lebendfutter wird sehr gerne genommen, ebenso Frostfutter und auch Granulate. Flockenfutter fressen wenige Kampffische gerne. Immer sollte auf Qualität geachtet werden, sonst werden die Tiere schnell krank.

Larven reagieren in den ersten zwei bis drei Wochen fast ausschließlich auf Futter, das sich bewegt, also Lebendfutter. Dies können *Artemia*-Nauplien, Pantoffeltierchen und auch Würmer wie zum Beispiel Essigälchen sein. An Staubfutter sind sie in den ersten Wochen kaum zu gewöhnen. Erst ab der dritten Woche kann man sie langsam an Staubfutter, feines Trockenfutter und auch kleines Frostfutter gewöhnen.

Ausgewachsene Kampffische sollten zur besseren Verdauung und zur Förderung der Bewegung bei der Futtersuche einen Fastentag einlegen. Larven und Jungfische sollten mindestens einmal am Tag ausreichend Futter bekommen. Füttert man mehrmals am Tag, dann jeweils entsprechend weniger. Das Maximum sind drei Futtergaben, damit sie nicht verfetten.

Wasserwechsel

Wichtig ist ein regelmäßiger Teilwasserwechsel von 20 bis 30 Prozent mindestens alle zwei bis drei Wochen. Bei Aquarien ohne Filterung in entsprechend kürzeren Intervallen. Zwischen Wasserwechsel und Filterreinigung sollten fünf bis sieben Tage liegen, dann bleibt das Ökosystem im Gleichgewicht. Die Temperatur des Frischwassers sollte der im Aquarium gleichen und es sollte regelmäßig einem Wassertest unterzogen werden. Das Verwenden von Osmosewasser ist bei Kampffischen nicht notwendig, es sei denn, die Wasserwerte des Leitungswassers erfordern dies. Mit dem Verschneiden von Leitungs- und Osmosewasser sollte man aber vorsichtig sein, da sich die Wasserwerte im Aquarium noch nachträglich verändern.

Filterreinigung

Eine regelmäßig vorgenommene Reinigung alle zwei bis vier Wochen ist oft nicht notwendig.

Der Filter sollte erst dann gereinigt werden, wenn die Leistung stark nachgelassen hat. Sie sollten das Filtermaterial nicht unter heißem Wasser ausspülen, da dadurch die Gefahr besteht, dass alle Bakterien abgetötet werden.

Royal Blue Crowntail.

Foto: C. Lukhaup

Krankheiten und Probleme

Bei guter Haltung und Pflege werden Kampffische sehr selten krank.

Zu kalte Haltung kann Piscinoodinium (früher Oodinium) hervorrufen, schlechte Wasserwerte führen häufig zu Flossenfäule, falsche Nahrung erzeugt Darmerkrankungen, und Vergiftungen durch Nitrit enden häufig mit der Bauchwassersucht.

Einige Krankheiten können mit Naturprodukten vermieden und teilweise auch geheilt werden:

Seemandelbaumblätter (*Terminalia catappa*)

Die getrockneten Blätter werden ganz oder in Stücken ins Aquarium gelegt. Ein Blatt von 15 Zentimetern reicht für 25 Liter. Diese Blätter enthalten Gerbstoffe, die eine desinfizierende und fungizide Wirkung haben, wodurch sich das Wasser leicht gelblich bis braun färbt. Zur Vorbeugung gegen Laichverpilzung und bei Flossenfäule und anderen Hautproblemen von Fischen sind sie sehr geeignet. Auch eine stimulierende Wirkung wird ihnen nachgesagt. Je nach KH-Wert ist eine leichte pH senkende Wirkung möglich.

Seemandelbaumblätter und Eichenlaub sind sehr gute Naturprodukte.

Foto: aquamax

Foto: C. Lukhaup

Fotos: C. Lukhaup

Erlenzäpfchen wirken keimhemmend.

Bananenblätter

In der Wirkung ähneln sie den Seemandelbaumblättern, bei leichten Verletzungen sind Bananenbaumblätter aber effektiver. 10 x 15 Zentimeter sind ausreichend für ein 25-Liter-Aquarium zur Vorbeugung bei Zucht und Aufzucht sowie zur Behandlung von oberflächigen Verletzungen an Körper und Flossen. Bananenbaumblätter senken den pH-Wert noch effektiver.

Buchenlaub

Buchenblätter enthalten Tannine und wirken bakterizid. Die Blätter senken den pH-Wert nur sehr geringfügig und auch nur dann, wenn keine Karbonathärte nachweisbar ist.

Eichenlaub

Eichenblätter (*Quercus robur* und *Q. petraea*) enthalten mehr Tannine (Eichengerbsäure) als Buchenlaub und haben die gleiche Wirkung. Zwei bis drei Blätter auf 25 Liter reichen, um zur Prophylaxe bei Hauterkrankungen eingesetzt zu werden. Der pH-Wert wird nur geringfügig gesenkt, wenn kaum bis keine Karbonathärte nachweisbar ist.

Erlenzäpfchen

Frisch gepflückte Zäpfchen (nach dem ersten Frost) wirken stärker als länger der Witterung ausgesetzte und vom Boden aufgesammelte. Bei 25 Litern reichen zwei bis drei Zapfen aus. Je frischer, desto stärker färben sie das Wasser. Sie geben verschiedene keimhemmende Stoffe an das Aquarienwasser ab.

Die Zucht

Die Zucht ist ein sehr zeitintensives und kostenaufwendiges Unterfangen und mit viel Platzbedarf verbunden. Schon die Erhaltung einer Flossenform ist nicht einfach, viel schwerer ist es aus zwei unterschiedlichen Flossenformen eine wieder stabil heraus zu züchten.

Neueinsteiger sollten sich zuerst darauf beschränken, eine bestehende Flossenform zu erhalten. Dabei muss man darauf achten, dass Männchen und Weibchen auch wirklich derselben Flossenform angehören, was gerade bei den Weibchen nicht immer ganz klar ist, besonders wenn es sich um Halfmoon und Show Plakat handelt.

Nach der Flossenform kann man sich noch auf eine Farbe festlegen, was aber schon eine Stufe schwerer ist. Für Neueinsteiger sollte daher die Farbe erst einmal eine untergeordnete Rolle spielen.

Ein Pärchen Steelblue Halfmoon.

Foto: S. Hackenberg

Foto: J. Kevari

Royalblue Halfmoon-Weibchen.

Einfache Flossenformen für Einsteiger sind Traditional Plakat und Show Plakat. Formen der Plakat sind zwar häufig etwas aggressiver, aber bei den Nachzuchten sind meist mehr gute Tiere dabei als bei den langflossigen Formen.

Zwei Wochen bevor man die Tiere verpaaren will, sollten beide Geschlechter gut angefüttert werden, damit besonders das Weibchen einen guten Laichansatz hervor bringt. Lebendfutter und Frostfutter, aber auch proteinreiche Granulate haben sich dafür gut bewährt. Gut genährte Kampffische bringen häufig eine größere Anzahl an Nachzuchten hervor.

Anschließend müssen die Aquarien für die Haltung eingerichtet werden und eingelaufen sein, bevor man sich ein Pärchen zulegt. Für jedes Geschlecht ein eigenes Becken von etwa 12 bis 30 Litern ist ausreichend. Dazu kommt noch ein Aquarium für die Zucht und Aufzucht, also eines in das man das Pärchen zur Paarung zusammensetzt und ein weiteres, um die Nachzuchten aufzuziehen. 54-Liter-Aquarien haben sich für den Anfänger gut bewährt, erfahrene Züchter verwenden häufig 12- und 25-Liter-Aquarien. Man muss sich darauf einstellen, dass beide Geschlechter bei Balz und Paarung Verletzungen

oben:

Betta-Pärchen (Crowntail-Männchen und Plakat-Weibchen) in der Paarungsabfolge.

unten:

Erst balzt das Männchen um das Weibchen und führt es zum Nest, dann folgen bald die ersten Scheinpaarungen.

Fotos: H. Hristov

an Flossen und Körper erleiden können. Aber in der Regel braucht man selbst dann nicht einzugreifen. Es empfiehlt sich aber, die *Betta* nur dann zur Paarung zusammenzusetzen, wenn man selbst Zeit hat, mehrmals am Tag nach ihnen zu sehen. Dann kann man jederzeit eingreifen, wenn Verletzungen nicht nur geringfügig sind und die Tiere wieder trennen. Hilfreich sind auf jeden Fall 54-Liter-Aquarien mit vielen Pflanzen und Versteckmöglichkeiten, dann ist die Verletzungsgefahr gering.

Ist ein Filter vorhanden, so drosselt man diesen so, dass ganz wenig Wasserbewegung entsteht, oder man schaltet ihn zur Zucht ganz aus.

Es empfiehlt sich, den Wasserstand auf etwa 12 bis 15 Zentimeter für die Verpaarung zu senken, damit der Weg vom Boden zum Schaumnest beim Eiereinsammeln nicht so weit ist.

Crowntail-Männchen und Plakat-Weibchen.

Foto: H. Hristov

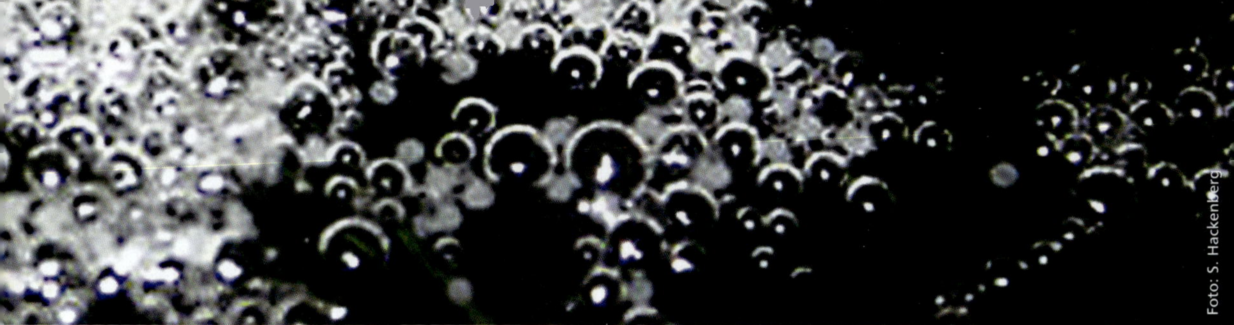

Foto: S. Hackenberg

Zum Einsetzen der Zuchtfische gibt es verschiedene Möglichkeiten: Wenn man das Weibchen zuerst einsetzt und erst ein bis zwei Stunden oder auch einen Tag später das Männchen, hat es den Vorteil, dass das Weibchen bereits das Aquarium erkunden kann. Nach dem Einsetzen des Männchens dauert es in der Regel ungefähr drei Tage, bis es zur Paarung kommt.

Eine zweite Möglichkeit ist es, das Männchen zuerst einzusetzen. Hier wird dann das Weibchen in einen Guppytank oder eine abgeschnittene Plastikflasche gesetzt. So kann sich das Paar sehen, aber nicht gegenseitig durch das Aquarium jagen und dadurch verletzen. Das Männchen baut dann meist in der Nähe des Weibchens ein Schaumnest. Wenn der Züchter sieht, dass das Männchen oft und intensiv das Weibchen zum Schaumnest zu locken beginnt und das Weibchen seine Laichbereitschaft durch die Laichstreifen zeigt, wird die Flasche vorsichtig heraus gezogen, so dass das Weibchen frei schwimmen kann. Meistens kommt es dann recht schnell zur Paarung.

Drittens ist es möglich, das Weibchen in einen Einhängekasten außen an das Aquarium zu setzen oder in einen separaten Behälter vor das Aquarium zu stellen. Hier muss man dann zur gegebenen Zeit das Weibchen ins Aquarium zum Männchen setzen.

Sind keine Schwimmpflanzen vorhanden, so kann man als Nestbauhilfe ein Seemandelbaumblatt oder ein Stück Styropor auf die Wasseroberfläche legen. Geeignet ist eigentlich alles, was einige Tage schwimmt und keine Schadstoffe an das Wasser abgeben kann.

Nach erfolgter Paarung wird das Weibchen entfernt, weil es das Männchen zu sehr ablenken würde und möglicherweise auch die Eier zu fressen versucht.

Schaumnest von oben, gut zu erkennen die *Betta*-Eier.

Betta-Larven.

Foto: F. Hardel

Aquarien für die Paarung

Das Aufzuchtaquarium sollte mit einem Bodengrund aus Kies oder Sand eingerichtet sein, ausreichend Pflanzen und Versteckmöglichkeiten bieten und einen Filter, am besten einen luftbetriebenen Schwammfilter besitzen.

Manche Züchter verpaaren in sogenannten Clean- oder Teilcleanbecken und ziehen dort auch die Nachzuchten für ein paar Wochen groß. Ein Cleanbecken ist ein Aquarium ohne Bodengrund, Pflanzen und Filter. Als Versteckmöglichkeit werden halbe Kokosnussschalen oder sogenannte Wollmops eingebracht. Teilcleanbecken haben ebenfalls keinen Kies und Pflanzen, aber einen luftbetriebenen Schwammfilter. Beide Varianten haben einen entscheidenden Nachteil. In diesen Aquarien bildet sich ein anders Bakterienmilieu. Es fehlen wichtige Bakterien, die sich zum Beispiel im Bodengrund befinden und an Pflanzen haften. Kampffische, die aus solchen Aquarien dann in komplett eingerichtete Aquarien eingesetzt werden, sind häufiger krank und manche sterben sogar nach zwei bis drei Wochen, da ihnen die nötige Immunität gegenüber einigen Bakterien fehlt. Tiere, die in eingerichteten und gefilterten Aquarien aufwachsen, sind wesentlich widerstandsfähiger.

Foto: F. Hardel

Red Veltail-Männchen und Steelblue Halfmoon-Weibchen.

Foto: aquamax

Foto: C. Lukhaup

Foto: D. Gröbel

Foto: F. Bitter

Möglichkeiten der Stimulation

Wollen die Fische nicht in Paarungsstimmung kommen, muss nachgeholfen werden. Hier helfen Absenkung des pH-Wertes, Seemandelbaumblätter oder Erlenzäpfchen, Lebendfutter wie Wasserflöhe, eine kurzzeitige Temperatursenkung auf 20 bis 22 °C oder auch eine Erhöhung. Auch eine Verdunklung des Aquariums für ein bis drei Tage oder für einige Stunden ein weiteres Männchen in einem Einhängekasten vor das Aquarium gesetzt, kann zum Erfolg führen.

Wenn alles vergeblich ist, muss das Paar wieder getrennt werden und die Prozedur nach etwa zwei Wochen wieder versucht werden.

Foto: C. Lukhaup

Aufzucht der Larven und Jungtiere

Fotos: F. Hardel

rechts: *Betta*-Larven im Aquarium.

Nach etwa zwei Tagen schlüpfen die Larven und hängen senkrecht unter oder im Nest, nach weiteren zwei bis drei Tagen schwimmen sie waagerecht. Nun muss auch das Männchen aus dem Zuchtbecken entfernt werden, seine Arbeit ist erledigt und wir müssen verhindern, dass es den Larven nachstellen. Jetzt wird auch der Filter auf sehr kleiner Stufe wieder eingeschaltet. Einige Tage später kann die Leistung erhöht werden, ohne dass dabei zu viel Strömung entsteht.

Als Futter haben sich frisch geschlüpfte *Artemia*-Nauplien bewährt, ebenso Essigälchen, Pantoffeltierchen und Infusorien für die ersten Tage. Ab der dritten Woche kann man die Larven an Staubfutter und feines Granulat und Frostfutter wie Lobstereier und *Cyclops* gewöhnen.

In den ersten zwei bis drei Wochen wird Sauerstoff ausschließlich über die Kiemen aufgenommen, erst ab der dritten Woche ist das Labyrinth ausreichend weit entwickelt und es wird auch atmosphärische Luft aufgenommen. In der nächsten Zeit wird der Sauerstoffbedarf immer höher und die jungen *Betta* müssen in kürzeren Zeitabständen an die Wasseroberfläche schwimmen.

Wenn die Jungfische heranwachsen, kann man auch größeres Futter verwenden. Schwarze Mückenlarven ab einer Größe von 1,5 Zentimetern, weiße und rote Mückenlarven ab etwa 2 bis 2,5 cm und Granulate in verschiedenen Korngrößen und Qualitäten sind jetzt geeignet.

Wichtig ist, dass die Jungfische nicht verfetten. Dies sieht nicht nur unschön aus, sondern kann auch zum Versagen von inneren Organen führen. Gesund ernähren heißt abwechslungsreich füttern.

Separierungsanlage des Autors.

Fotos: F. Hardel

Die Separation

Es gibt keinen genauen Zeitpunkt, ab dem man die jungen *Betta* separieren muss. Sicher ist nur, dass man es irgendwann tun muss. Der Zeitpunkt ist abhängig von der Entwicklung, und dem Aggressionspotenzial und Verhalten der Jungfische. Nicht alle Nachzuchten entwickeln zur selben Zeit ihre Aggression. Es kann vorkommen, dass man schon sehr früh die ersten Jungfische von den anderen trennen muss, ebenso kann es sein, dass man die Jungfische sehr lange zusammen lassen kann, bevor die ersten ernsthaften Kämpfe zu beobachten sind und Flossenschäden entstehen.

Foto: K. Watcharaworatham

Red Crowntail.

Die Separation erfolgt in kleinen Aquarien oder anderen Behältern wie zum Beispiel Faunaboxen oder Separationsanlagen und Dripsystemen mit Filtern. Mindestgröße ist ein Liter Volumen pro Fisch.

Separationsanlagen bestehen aus Aquarien mit mehreren Abteilen, in denen das Wasser über einen Filterkreislauf gefiltert wird. Einige Systeme sind so konstruiert, dass das Abwasser über ein Rohrsystem in ein Filterbecken oder Überlaufbecken geleitet wird, wo es dann mittels einer Pumpe wieder zu den Separationsbecken transportiert wird.

Dripsysteme bestehen aus einzelnen Aquarien oder Separationsbehältern, wie zum Beispiel kleinen Plastikaquarien, welche über ein Dripsystem gefiltert werden.

Die Behälter haben dazu einen Überlauf, über den das Wasser tröpfchenweise in eine Abwasserleitung oder Rinne zum Filterbecken transportiert wird. Mit einer Pumpe wird das gefilterte Wasser dann wieder zu den Behältern transportiert, wo es sehr langsam eingeleitet wird.

Nachteile von Separationsanlage und Dripsystem sind, dass sich die Behälter oder Abteile nicht so einfach reinigen lassen und dass alle Abteile über denselben Kreislauf gefiltert werden, so dass sich eine eventuell ausgebrochene Krankheit auf alle Fische übertragen kann. Die Separation in nicht gefilterten Behältern ist daher die sicherste Variante, aber auch die aufwändigste. Die Behälter benötigen alle zwei bis drei Tage einen kompletten Wasserwechsel, um alle Schadstoffe zu beseitigen. Dabei ist es sinnvoll, die Behälter auszuwischen und nach einiger Zeit auch gegen frisch gereinigte auszutauschen, da sich im Laufe der Zeit ein Biofilm entwickeln wird, der unter anderem auch den Fischen schaden kann. Die Reinigung kann auch durch einen starken Wasserstrahl und mehrmaliges Ausspülen erfolgen.

Zwischen die Separationsbehälter wird ein Sichtschutz gestellt, so dass sich die Fische nicht sehen können und dadurch unnötiger Stress vermieden wird. Bei Separationsanlagen aus Aquarien mit zusammenhängenden Abteilen wird der Sichtschutz durch Einbringen einer undurchsichtigen Trennwand hergestellt, zum Beispiel aus wasserbeständigen, lebensmittelechten Kunststoffplatten. Er sollte so angebracht werden, dass man ihn jederzeit heraus nehmen kann. Man kann auch zwischen die Abteile zwei Kunststoffplatten stellen, eine undurchsichtige und eine durchsichtige nebeneinander, so dass man die undurchsichtige entfernen kann. Dadurch können sich die Fische sehen, und man kann sie dann genauer betrachten und beurteilen, wenn sie ihre Flossen aufstellen. Gleichzeitig werden sie dadurch trainiert und auch für Bewertungsausstellungen vorbereitet.

von links:
Haltungs- und Zuchtbecken.
Separationsboxen.

Die Selektion

Wenn die Nachzuchten größer und fast ausgewachsen sind, kommen wir zur Selektion. Selektiert wird nach dem Zuchtziel anhand des Sichtbaren (Phänotyp). Man muss im Hinblick auf die verschiedenen Merkmale entscheiden, mit welchen Tieren man weiter züchten möchte, um das selbst angestrebte Zuchtziel zu erreichen. Hier spielen die Optik und das Bauchgefühl eine große Rolle. Man sollte aber auch den Bewertungsstandard mit einbeziehen. Je größer die Anzahl an Nachzuchten ist, desto schwerer ist es, eine Entscheidung zu treffen.

Green Mustard Gas Butterfly Halfmoon mit besonderer Färbung der Pectoralen.

Foto: R. Winter/J. Knuth

Nach welchen Kriterien man am Ende auswählt, muss jeder Züchter aber für sich selbst entscheiden.

Wichtige Auswahlkriterien sind dabei:

Charakter

Bereits bei der Separation werden die dominanten Jungtiere meist als erstes aus dem Aufzuchtbecken entfernt. Dadurch können die bisher dominierten zu dominanten Tieren werden. Generell sollte bei der Auswahl der zukünftigen Zuchttiere darauf geachtet werden, dass diese eine gewisse Dominanz aufweisen, schreckhafte und ängstliche Männchen und Weibchen sind häufiger schwierig zu verpaaren. Beide Geschlechter brauchen ein bisschen Aggressivität, um sich paaren zu können. Meistens entwickeln sich die dominanten Tiere auch besser.

Wie viele Nachzuchten zur Weiterzucht behalten werden, muss jeder selbst entscheiden, es hat sich jedoch in der Praxis bewährt, immer mehrere Tiere beider Geschlechter auszuwählen.

Die dominanten Tiere werden sich nach meiner Erfahrung in jedem Fall besser entwickeln.

Foto: H. Hristov

Blue Marble Crowntail.

Farbe

In diesem Fall fällt die Entscheidung meistens recht leicht. Will man beispielsweise rote Fische züchten, dann sucht man sich diejenigen aus, die das schönste und kräftigste Rot besitzen und dazu noch die wenigsten Farbfehler aufweisen.

Dabei kann man auch auf den Standard zurück greifen, um vorhandene Farbfehler festzustellen.

Form

Sie ist das schwierigste Auswahlkriterium. Das eigene Auge ist oft im Wege, da es häufig von der Form auf die Farbe ablenkt und somit das Wesentliche nicht erkennen lässt. Manchmal ist es daher sinnvoll, die Tiere der engeren Auswahl zu fotografieren und auf dem Computer anzusehen. Als Hilfe dient auch hier der Standard, gerade wenn es um die Wertigkeit vorhandener Fehler geht.

Bewertungsausstellungen

Diese Wettbewerbe dienen Züchtern dazu festzustellen, was sie mit ihrer Zucht bzw. ihren Zuchtlinien erreicht haben.

Die Ausstellungsfische werden durch mehrere Richter beurteilt, wobei der verantwortliche Hauptrichter im Falle eines Gleichstandes zwischen zwei Fischen entscheiden muss, welcher der „Best of Show" werden wird.

Zur Beurteilung werden die Tiere in kleine Behälter, meist Plastikaquarien, gesetzt. Alle Behälter haben untereinander einen Sichtschutz, der zur genaueren Betrachtung der Fische herausgezogen wird. Die *Betta* müssen dann innerhalb von wenigen Sekunden auf den Fisch im benachbarten Behälter reagieren, ihre Flossen aufstellen und posieren. Dabei werden die Agilität, die Körperform, die Flossen und Farben bewertet. Danach wird der Sichtschutz wieder angebracht.

Steelblue Metallic Melano Crowntail Plakat.

Foto: C. Lukhaup

Die Regale sind meist sehr hell beleuchtet, damit die Richter die Fische auch gut sehen und bewerten können. Daher ist es erforderlich, die Fische an helles Licht zu gewöhnen und auch zu trainieren. Zwei Wochen vor einer Bewertungsausstellung hält man sie in kleinen Behältern, die unter sehr heller Beleuchtung stehen und in denen man täglich den Sichtschutz für einige Zeit entfernt.

Auf diesen Wettbewerben werden auch Ausstellungsfische, die der Züchter selbst nicht mehr zur Zucht einsetzen will, verkauft bzw. versteigert. Oft können hier einzelne *Betta* oder Pärchen recht hohe Preise erzielen.

Betta-Show
Italien 2011.

Betta-Show
Germany 2010,
Rödental.

Betta-Show
Germany 2010,
Dortmund.

Betta-Show
Aqua-Fisch 2011
Friedrichshafen.

Foto: C. Lukhaup

Der International *Betta* Congress (IBC)

Der IBC ist eine weltweite Vereinigung von Kampffisch-Liebhabern und Züchtern, gegründet 1966 als gemeinnütziger Verein. Die erste internationale Bewertungsshow fand 1967 mit großer Beteiligung statt. Schon damals wurden 200 Fische ausgestellt und bewertet.

Bereits ein Jahr später wurde die Mitgliederzeitschrift „Flare!" ins Leben gerufen und es wurde ein allgemein gültiger Standard für Betta-splendens-Zuchtformen und alle bis dahin bekannten Betta-Arten mit entsprechenden Bewertungsklassen entwickelt. Dies ermöglicht eine gerechte Beurteilung auf Ausstellungen.

Inzwischen hat der IBC weltweit über 400 Mitglieder, ein Team von 72 ausgebildeten Richtern, die in jedem Kontinent vertreten sind und es finden nahezu monatlich internationale Bewertungsshows rund um den Globus statt.

Heute hat der IBC eine eigene Webseite (www.ibcbettas.org) und ein vereinsinternes Forum, in welchem sich die Mitglieder untereinander in englischer Sprache austauschen können.

Ziele, Aufgaben und Projekte des IBC sind:

- *Betta*liebhaber weltweit zusammen zu führen,
- die Ausbildung von Richtern, die Definition und Etablierung von Standards,
- Erweiterung, Überarbeitung und Verbesserung der Bewertungsstandards,
- *Betta*-Ausstellungen zu organisieren,
- die Forschungen und Untersuchungen der Gattung *Betta* zu fördern und die Ergebnisse in den offiziellen Publikationen des IBC zu veröffentlichen, zum Beispiel mittels Stipendien,
- Unterstützung bei der Zucht, Aufzucht und Haltung von *Betta* zu geben,
- eine umfangreiche Informationssammlung über den *Betta* aufzubauen und zu pflegen,
- die Herausgabe der Mitgliederzeitschrift Flare! zum Austausch von Informationen und Wissen.

Chapter des IBC

Chapter sind regionale Untergruppen des IBC. Sie handeln eigenständig und wirken im Sinne des IBC. Die aktuelle Liste der Chapter in Europa (Area 2) kann unter www.ibcbettas.org eingesehen werden.